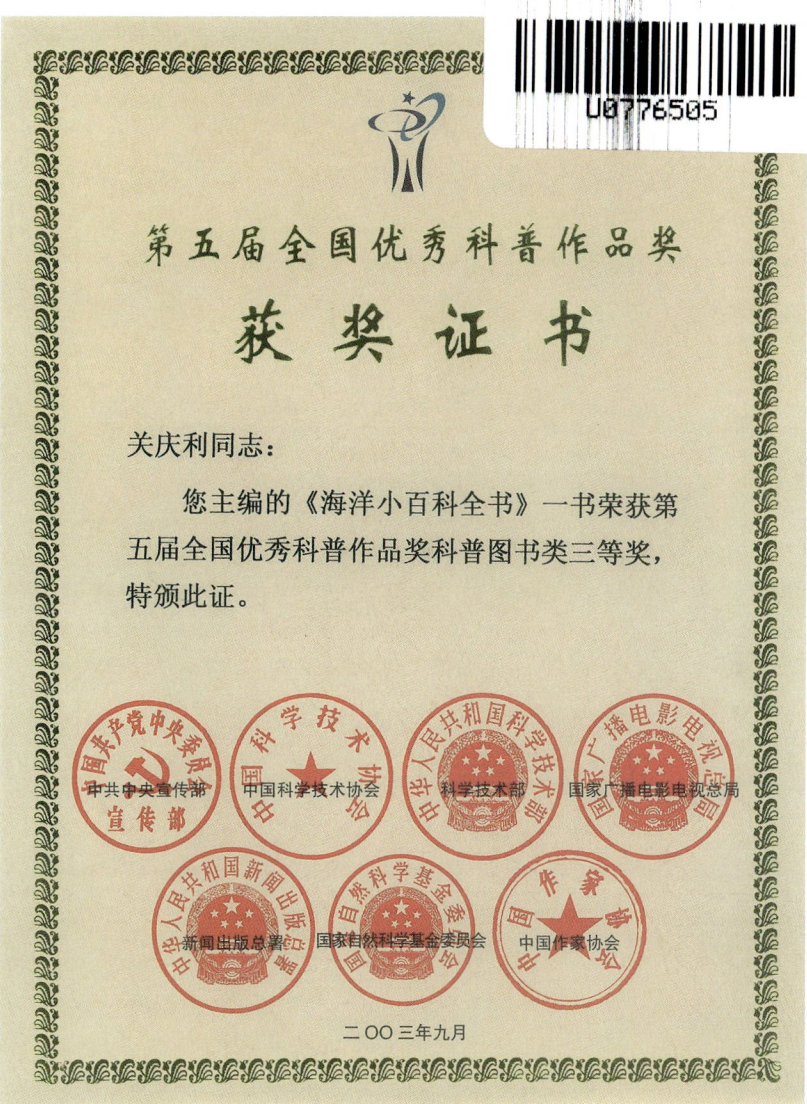

《海洋小百科全书》于2002年5月出版,2003年9月被中国共产党中央委员会宣传部、中国科学技术协会、中华人民共和国科学技术部、国家广播电影电视总局、中华人民共和国新闻出版总署、国家自然科学基金委员会、中国作家协会联合授予"第五届全国优秀科普作品奖科普图书类三等奖"。本书于2007年10月修订再版,现再次修订,由中山大学出版社出版。

海洋地理

◀ 迷人的地球

北极极光 ▲

▶ 鸟瞰西沙群岛

▼ 南极的冰山

澳大利亚大堡礁 ▲

海洋地理

◀ 海底火山喷发

▲ 北极果草

▲ 广西红树林海岸

▶ 海底探秘

海洋地理　　海洋小百科全书

◀ 岛屿

▲ 普陀山——天下第一奇石

▲ 大连蛇岛

▲ 上海外滩

海洋地理

▲ 青岛海滨一角

▲ 香港夜景

福建风动石 ▲

夏威夷海滨风光 ▶

序言

　　海洋是人类的母亲,也是人类千万年来取之不尽、用之不竭的巨大资源宝库。在人类赖以生存的蓝色星球——地球上,蔚蓝色的海洋占有约71%的总面积。

　　雄踞在这颗蓝色星球的东方、浩瀚无垠的太平洋西岸上的中华人民共和国,不仅拥有960万平方千米的陆地国土,而且还拥有300万平方千米的海洋国土,有着1.8万千米绵延曲折的海岸线。在这浩瀚的蓝色国土上,珍珠般地镶嵌着大大小小6500多个美丽而富饶的岛屿。

　　勤劳勇敢的中华民族,在古代就凭着自己卓越的智慧和创造力,伐木成舟,劈波斩浪,牵星观月,远渡重洋,以举世瞩目的海洋文明跻身于世界航海强国的民族之林。

　　21世纪是海洋的世纪,21世纪的主人翁就是今天的青少年朋友。他们不仅是我国的未来和希望,而且必定是21世纪振兴经济和提升海洋科技的主力军。海洋将是青少年朋友报效祖国、振兴中华民族大显身手的辉煌舞台。只有帮助青少年及早地以科学的眼光认识世界的发展,科学地把握未来,早日加入到海洋开发建设的队伍中来,才能更好地发展我国的海洋经济,捍卫我国的海洋权益。未来是海洋的时代,只有让广大的青少年了解海洋、接近海洋、认识海洋,才能把握海洋、开发海洋、利用海洋和捍卫海洋权益,为祖国的海洋开发建设作贡献,为中华民族的子孙后代造福。为了提高中华民族的海洋文化素质,再铸中华民族海洋文明的辉煌,使我国成为21世纪的海洋强国,有识之士必须从现在做起,从青少年抓起,全面培养我国青少年的海洋意识,普及海洋科学知识,提高海洋科技技能,增强蓝色国土观念和捍卫海洋权益的责任感、使命感。从这个意义上说,在人类进入21世纪的伟大时代,在全球开始创造海洋经济的伟大时刻,在世界日益关注海洋权益的今天,出版这套经过缜密修订的全面、系统、科学地介绍海洋知识的《海洋小百科全书》,无疑是奉献给我国青少年朋友的一份珍贵礼物,是激发青少年的海洋兴趣、增长海洋知识、普及海洋文化、宣传海洋文明、提高海洋素质、促进海洋教育所做的一件功在当代、利在千秋的非常具有实践成就和指导意义的工作。

绚丽多姿的海洋召唤着青少年朋友们去探索和揭秘,无穷无尽的海洋宝藏等待着有志于海洋事业的青少年朋友们去开发和利用。这套图文并茂、深入浅出的《海洋小百科全书》,必将以丰富的知识性、深刻的思想性和高雅的趣味性,成为青少年朋友在蓝色海洋里成长、成才的良师益友。

祝愿青少年朋友读完这套书后能够早日成为大海的骄子,为把祖国建设成伟大的海洋经济强国和海洋科技强国贡献自己宝贵的青春和智慧。

国家海洋局局长:

2010年4月6日

海洋地理

目 录

一、海洋地理大观

1. 地球是圆的吗? ……………………………………… (2)
2. 地球有多大? ………………………………………… (3)
3. 地球的表面积有多少? ……………………………… (3)
4. 地图是怎样画出来的? ……………………………… (4)
5. 世界政区图是什么样子的? ………………………… (5)
6. 世界地形图是什么样子的? ………………………… (5)
7. 什么叫作"大陆星"? ………………………………… (6)
8. 地球仪是怎样做出来的? …………………………… (6)
9. 世界上最早的地球仪是谁发明的? ………………… (7)
10. 什么是经纬线? …………………………………… (7)
11. 为什么要在地图上画上经纬线? ………………… (8)
12. 经纬线是怎么划分的? …………………………… (9)
13. 为什么会有国际日期变更线? …………………… (10)
14. 国际日期变更线在哪里? ………………………… (11)
15. "地理大发现"是从什么时候开始的? …………… (11)
16. 地球分为哪几个洲和洋? ………………………… (12)
17. 四大洋的分界线在哪里? ………………………… (13)
18. 地球内部是什么样子的? ………………………… (13)
19. 地幔是流动的吗? ………………………………… (14)
20. 非洲和南美洲曾经连在一起吗? ………………… (15)
21. 为什么说大陆会漂移? …………………………… (16)

22. 大陆还在漂移吗? ……………………………… (17)
23. 澳大利亚和南美洲曾经连在一起吗? …… (17)
24. 为什么大洋底的年龄比大洋年轻? ……… (18)
25. 海底为什么会扩张和移动? ……………… (19)
26. 大洋底还在继续扩张吗? ………………… (19)
27. 什么是板块构造学说? …………………… (20)
28. 谁最早提出"板块构造学说"? …………… (21)
29. 太平洋的名字是如何得来的? …………… (22)
30. 太平洋是最古老的大洋吗? ……………… (23)
31. 谁是最年轻的大洋? ……………………… (23)
32. 北冰洋是全球大陆的发源地吗? ………… (24)
33. 大西洋是从地球的"伤口"里长出来的吗? …… (25)
34. 大西洋能把太平洋挤掉吗? ……………… (26)
35. 陆地上最大的"伤疤"是什么? …………… (26)
36. 东非大裂谷未来会变成海洋吗? ………… (27)
37. 为什么南极洲被称作"冰雪大陆"? ……… (28)
38. 南极洲为什么会有如此多的冰雪? ……… (29)
39. 南极洲有"热水瓶"吗? …………………… (30)
40. 南极洲为什么会有"热水瓶"? …………… (30)
41. 真有"找不到北"的地方吗? ……………… (31)
42. 南极和北极有什么不同? ………………… (31)
43. 喜马拉雅山是从大海里升起来的吗? …… (32)
44. 喜马拉雅山还在升高吗? ………………… (33)
45. 喜马拉雅山会长到多高? ………………… (33)
46. 西湖是怎样形成的? ……………………… (34)
47. 恐龙的灭绝与行星撞击有关吗? ………… (34)
48. 地球上有多少陨石坑? …………………… (35)
49. 世界唯一地跨两洲的大城市是哪一座? … (36)
50. 伊斯坦布尔为什么被称为"千年古都"? … (36)

海洋地理

51. 为什么称荷兰为"低洼之国"? ………… (37)
52. 荷兰的国土地势为什么如此低洼? …… (37)
53. 荷兰是"人造出来"的吗? …………… (38)
54. 芬兰为什么称为"千湖国"? …………… (39)
55. 地球上最深的地方在哪里? …………… (39)
56. 马里亚纳海沟里有生物吗? …………… (40)
57. 世界上最大的海湾在哪里? …………… (41)
58. 墨西哥湾是世界第二大海湾吗? ……… (42)
59. 几内亚湾是世界第几大湾? …………… (43)
60. 阿拉斯加湾在哪里? …………………… (43)
61. 关塔那摩湾归谁管? …………………… (44)
62. 金兰湾有什么战略价值? ……………… (44)
63. 波斯湾为什么称为"地下油海"? ……… (45)
64. 世界上最长的海峡是哪一个? ………… (45)
65. 曼德海峡为什么被称为"水上走廊"? … (46)
66. 为什么霍尔木兹海峡是西方"生命线上的咽喉"? (46)
67. 为什么马六甲海峡有"东方十字路口"之称? (47)
68. 千岛国中有多少海峡? ………………… (48)
69. 朝鲜海峡与对马海峡是同一海峡吗? … (49)
70. 麦哲伦海峡在哪里? …………………… (49)
71. 麦哲伦海峡的发现有什么历史意义? … (49)
72. 哈得孙海峡在哪里? …………………… (51)
73. 格陵兰—冰岛—联合王国海峡在哪里? (51)
74. 渤海海峡在哪里? ……………………… (51)
75. 美国和俄罗斯的分界线在哪里? ……… (52)
76. 巴拿马运河有多长? …………………… (53)
77. 苏伊士运河在哪里? …………………… (53)
78. 什么是半岛? …………………………… (54)
79. 世界上最大的半岛是哪一个? ………… (55)

80. 巴尔干半岛在哪里？ …………………………………… (56)
81. 为什么说巴尔干半岛是"欧洲的火药库"？ ………… (56)
82. "好望角"这个名字是如何来的？ …………………… (57)
83. 为什么称好望角为"海上生命线"？ ………………… (57)
84. 海参崴与符拉迪沃斯托克是同一个地方吗？ ……… (58)

二、世界海岛览胜

85. 什么是海岛？ ………………………………………… (60)
86. 海岛有什么功能？ …………………………………… (60)
87. 地球上有多少海岛？ ………………………………… (61)
88. 海洋中的岛屿是怎样形成的？ ……………………… (61)
89. 纵横东西、南北半球的岛国在哪里？ ……………… (62)
90. 什么是岛弧？ ………………………………………… (63)
91. 世界主要的大岛有哪些？ …………………………… (64)
92. 世界上有多少个独立岛国？ ………………………… (64)
93. 大西洋上的"人间天堂"在哪里？ …………………… (65)
94. 圣保罗岛为什么被称为海豹的王国？ ……………… (66)
95. 世界第三大岛是哪个岛？ …………………………… (67)
96. "北方四岛"在哪里？ ………………………………… (67)
97. 吕宋岛在哪里？ ……………………………………… (68)
98. 为什么称印度尼西亚为"千岛之国"？ ……………… (68)
99. 世界上还有多少个"千岛之国"？ …………………… (69)
100. 太平洋最大的岛屿是哪一个？ ……………………… (69)
101. 极乐鸟的天堂是指哪个岛？ ………………………… (70)
102. "世界鳄鱼之都"在哪里？ …………………………… (71)
103. 巴布亚新几内亚的房屋有什么奇特之处？ ………… (72)

104. 巴布亚新几内亚有多少部族？ (73)
105. 爪哇岛在哪里？ (73)
106. "锡岛"指的是哪个岛？ (74)
107. 新加坡在哪里？ (74)
108. 为什么新加坡会被称为"花园城市"？ (75)
109. 新加坡的"屠妖节"是怎么回事？ (76)
110. 科隆群岛为什么会有南极风光？ (76)
111. 科隆群岛为什么又称为"罪犯岛"？ (77)
112. 哪个岛被称为"珍稀动物的乐园"？ (78)
113. 巴厘岛是"亚洲的末梢"吗？ (78)
114. 世界上最大的珊瑚礁群在哪里？ (79)
115. 世界上有个"镍岛"吗？ (80)
116. "铜岛"在哪里？ (80)
117. 所罗门群岛在哪里？ (81)
118. 所罗门群岛这个名字是怎么来的？ (81)
119. 为什么所罗门群岛又叫黑色群岛？ (82)
120. 所罗门群岛的人造小岛是怎么回事？ (83)
121. 所罗门人造小岛上的人们怎么生活？ (83)
122. 所罗门群岛还有贝壳羽毛货币吗？ (84)
123. 为什么称新西兰为"畜牧之国"？ (85)
124. 新西兰的毛利人和华人曾是亲戚吗？ (85)
125. 毛利人是如何欢迎客人的？ (86)
126. 新西兰地下有什么新能源？ (87)
127. 关岛有什么战略意义？ (88)
128. 最早的波利尼西亚人是从哪里来的？ (89)
129. 波利尼西亚人是怎样生活的？ (89)
130. 日本为什么特别关注"冲之岛"？ (90)
131. 世界第一大群岛是哪一个？ (92)
132. 世界最小的群岛在哪里？ (92)

133. 夏威夷群岛对美国有多重要？ …………………… (93)
134. "夏威夷"的名字是怎么来的？ ………………… (93)
135. 为什么夏威夷群岛被称为"太平洋的十字路口"？ … (94)
136. 洋中"湖水"从何来？ …………………………… (94)
137. 迪戈加西亚岛有什么战略地位？ ………………… (95)
138. 阿留申群岛是阿拉斯加的"踏脚石"吗？ ……… (95)
139. "大西洋岩石花园"在哪里？ …………………… (96)
140. 西印度群岛在哪里？ ……………………………… (96)
141. 东印度群岛在哪里？ ……………………………… (97)
142. 为什么称马达加斯加为"红色岛国"？ ………… (98)
143. 马达加斯加岛上的动物有什么特点？ …………… (98)
144. 马达加斯加最早的居民是什么人？ ……………… (98)
145. 马来人的祖先何时来到马达加斯加？ …………… (99)
146. 马达加斯加为什么多牛？ ………………………… (100)
147. 兰里岛是"鳄鱼的王国"吗？ …………………… (100)
148. 兰里岛人为什么养鳄鱼？ ………………………… (101)
149. 哈尔克岛在什么地方？ …………………………… (101)
150. 圣诞岛为什么被称为"红蟹王国"？ …………… (102)
151. 毛里求斯岛在哪里？ ……………………………… (102)
152. 赫德岛为什么被称为象海豹的乐园？ …………… (103)
153. 奔巴岛为什么又叫"丁香岛"？ ………………… (103)
154. "冰火之国"在哪里？ …………………………… (104)
155. 你知道冰岛的来历吗？ …………………………… (105)
156. 冰岛是"冰雪之岛"吗？ ………………………… (106)
157. 冰岛为何多火山？ ………………………………… (106)
158. 苏尔采岛是世界上最年轻的岛吗？ ……………… (108)
159. 为什么说牙买加是"泉水之岛"？ ……………… (108)
160. 牙买加为什么会有这么多的泉水？ ……………… (109)
161. 世界最大的天然沥青湖在哪里？ ………………… (109)

162. 欧洲第一大岛是什么岛? …………………… (110)
163. 英国国家海滨公园在哪里? ………………… (111)
164. 王子岛在哪里? ……………………………… (111)
165. 世界第一大岛是哪个岛? …………………… (112)
166. 格陵兰岛是"绿色的土地"吗? …………… (113)
167. 格陵兰岛上有什么生物? …………………… (113)
168. 格陵兰岛的爱斯基摩人为何长寿? ………… (114)
169. 火地岛在什么地方? ………………………… (115)
170. 乔治王岛在什么地方? ……………………… (115)

三、海洋地理趣闻

171. 百慕大群岛在哪里? ………………………… (118)
172. 为什么称"百慕大三角"是"魔鬼三角"? (118)
173. "百慕大魔鬼三角"是怎样造成的? ……… (119)
174. "百慕大三角"为什么会发生地磁异常? … (119)
175. 有能使人长高的岛吗? ……………………… (120)
176. "火湖"是什么"湖"? …………………… (121)
177. 圣拉法埃尔岛上为什么会有"鬼火"? …… (122)
178. 有会漂移的岛吗? …………………………… (122)
179. 有神秘莫测的"幽灵岛"吗? ……………… (123)
180. 为什么"幽灵岛"会出没无常? …………… (124)
181. 可可岛在哪里? ……………………………… (124)
182. 可可岛真的是"藏宝圣地"吗? …………… (125)
183. 可可岛还有什么关于宝藏的传说? ………… (126)
184. 宁塞依斯岛是个"世外桃源"吗? ………… (127)
185. 宁塞依斯岛人的生活习惯是怎样形成的? …… (127)

186. 健身美容之岛是哪个岛？……………………(128)
187. 西法罗尼亚岛上的毒蛇会聚会吗？……………(128)
188. 毒蛇为什么会在教堂定期集会？………………(129)
189. 欧洲传说中的独角兽是什么样子？……………(129)
190. 巴芬岛的"独角兽"是如何被发现的？…………(130)
191. 独角兽到底是一种什么样的动物？……………(131)
192. 丹老群岛在什么地方？…………………………(132)
193. 塞罗人为什么不肯定居？………………………(132)
194. 塞罗人的婚俗是什么样子的？…………………(133)
195. 斯里兰卡为什么不准动土？……………………(134)
196. 斯里兰卡岛的宝石是怎样形成的？……………(134)
197. 斯里兰卡有多少种宝石？………………………(135)
198. 斯里兰卡的"镇国之宝"是什么？………………(135)
199. 有名字相同而位置不同的岛吗？………………(136)
200. 塞舌尔群岛有"黄金坚果"吗？…………………(136)
201. 黄金坚果是如何发现的？………………………(137)
202. 黄金坚果为什么如此珍贵？……………………(138)
203. "椰子之国"是指哪个国家？……………………(139)
204. 斐济是"长寿之国"吗？…………………………(139)
205. 为什么称爱尔兰为"绿宝石岛"？………………(139)
206. "香料之岛"在什么地方？………………………(140)
207. "飞鱼之国"巴巴多斯在哪里？…………………(140)
208. 古巴为什么有"世界糖罐"的称号？……………(140)
209. "猴岛"在哪里？…………………………………(141)
210. 世界上有"猫岛"吗？……………………………(141)
211. 太平洋有个"龟岛"吗？…………………………(142)
212. 巴西有个"蟹岛"吗？……………………………(142)
213. "蜘蛛岛"在哪里？………………………………(143)
214. 世界上有"鸟岛"吗？……………………………(143)

215. 特立尼达为什么会被称为"幸运之岛"? ……… (144)
216. 有冰川和火山"和平共处"的地方吗? ……… (144)
217. 堪勘察加有个"动物死亡谷"吗? ……… (145)
218. 世界上还有多少个"死亡谷"? ……… (145)
219. 世界上还有食人的部落吗? ……… (146)
220. 世界上还有"捕鲸人"吗? ……… (147)
221. 挨炮弹最多的小岛在哪里? ……… (148)
222. 太平洋战争纪念碑建在哪里? ……… (148)
223. 汤加在哪里? ……… (149)
224. 汤加是大蝙蝠的天堂吗? ……… (149)
225. 世界上体重最重的君王在汤加吗? ……… (150)
226. 为什么汤加人如此肥胖? ……… (151)
227. 什么是汤加"海人"? ……… (151)
228. 汤加"海人"捕鱼的技巧是怎样练成的? ……… (152)

229. 世界上最小的岛国在哪里? ……… (153)
230. 瑙鲁是世界上最富有的国家之一吗? ……… (153)
231. 瑙鲁的"粪土能成金"吗? ……… (154)
232. 瑙鲁为什么被称为"无土之邦"? ……… (154)
233. 有比瑙鲁更小的"岛国"吗? ……… (155)
234. 岛屿能被"吃"掉吗? ……… (156)
235. 比基尼岛是最"灾难深重"的地方吗? ……… (157)
236. 有会发出狗叫声的沙滩吗? ……… (158)
237. 考爱岛古代有个小人国吗? ……… (159)
238. 曼涅胡内人为什么神秘地消失了? ……… (159)
239. 世界上真有"袖珍人"种吗? ……… (160)
240. "食人鼠岛"真的存在吗? ……… (161)
241. "食人鼠岛"为什么有食人鼠? ……… (161)
242. 复活节岛在向智利海岸靠拢吗? ……… (162)
243. 为什么称复活节岛为"神秘岛"? ……… (163)

244. 复活节岛的"巨石像群"是怎么回事？ ……… (164)
245. "鸟人像"的传说是怎么回事？ ……… (164)
246. 复活节岛人是个怎样的民族？ ……… (165)
247. 复活节岛上的"锅烂多"是什么？ ……… (166)
248. 复活节岛的物价有多高？ ……… (166)
249. 为什么称尼豪岛为女性王国？ ……… (167)
250. 日本列岛会沉没吗？ ……… (168)
251. 世百尔岛为什么叫作死神岛？ ……… (168)
252. 有会走路的海岛吗？ ……… (169)
253. 塞布尔岛的名字是什么意思？ ……… (169)
254. 塞布尔岛为什么被称为大西洋的坟场？ ……… (170)
255. 现在的塞布尔岛是什么样子的？ ……… (171)
256. 赫库兰尼姆城在哪里？ ……… (171)
257. 赫库兰尼姆城是怎样消失的？ ……… (172)
258. 赫库兰尼姆城是如何重见天日的？ ……… (172)
259. 拿破仑在何处去世？ ……… (173)

四、奇妙海底世界

260. 人们是怎样"看"到海底的情况的？ ……… (176)
261. 海底的地形是怎么测量的？ ……… (176)
262. 什么是大洋钻探计划？ ……… (177)
263. 海岸的泥沙石子从哪里来？ ……… (177)
264. 什么是大陆架？ ……… (178)
265. 大陆架是如何形成的？ ……… (180)
266. 为什么说大陆架是海洋资源的"聚宝盆"？ ……… (180)
267. 什么是海底的"水下河谷"？ ……… (181)

268. 地球上最大的斜坡在哪里? …………… (182)
269. 大陆坡的海底是什么样子的? ………… (182)
270. 你知道地球上最大的山系吗? ………… (183)
271. 大西洋洋中脊是怎样被发现的? ……… (184)
272. 大西洋的海底是什么样子? …………… (185)
273. 什么是深海平原? ……………………… (185)
274. 海底也有大峡谷吗? …………………… (186)
275. 海底大峡谷是怎样生成的? …………… (187)
276. 海底也有华丽的"舞池"吗? ………… (188)
277. 海底平顶山是怎样形成的? …………… (189)
278. 海底为什么有热泉? …………………… (190)
279. 海底的"玻璃"是怎么来的? ………… (190)
280. 你知道能使鲨鱼迷糊的洞吗? ………… (191)
281. 真的有海龟坟洞吗? …………………… (191)
282. 哪里的海岸洞穴会有原始水生动物? … (192)
283. 海岸洞穴为什么会透出蓝光? ………… (192)
284. 海洋中有"无底洞"吗? ……………… (193)
285. 深海里有"宇宙尘"吗? ……………… (193)
286. 每年在地球表面降落的宇宙尘有多少? … (194)
287. 海底也有风暴吗? ……………………… (195)
288. 海底也有滑坡吗? ……………………… (196)
289. 城市会沉没到海底吗? ………………… (196)
290. 浅海的底为什么总是比较平坦? ……… (197)

五、海洋地质灾害

291. 全世界每年有多少次地震? …………… (199)

292. 世界上三大地震带在哪里? ……………………… (199)
293. 海底会"颤抖"吗? ……………………………… (200)
294. 为什么海洋中更容易发生地震? ……………… (200)
295. 为何地中海多地震? …………………………… (201)
296. 你知道加利福尼亚大地震吗? ………………… (202)
297. 地震的能量有多大? …………………………… (203)
298. 你知道海洋地震测量吗? ……………………… (203)
299. 世界上最大的"火环"在哪里? ………………… (204)
300. 太平洋为何会有这样的"火环"? ……………… (205)
301. 你见过火山喷发吗? …………………………… (206)
302. 太平洋里有多少个火山岛? …………………… (207)
303. 海底火山是如何喷发的? ……………………… (208)
304. 世界上最大的火山群在哪里? ………………… (209)
305. 海啸是什么? …………………………………… (209)
306. 海啸是由哪些原因造成的? …………………… (210)
307. 最严重的地震海啸发生在哪里? ……………… (210)
308. 能准确预报海啸的发生吗? …………………… (212)
309. 海水是否在入侵陆地? ………………………… (212)

六、神奇中国岛岸

310. 什么是海岸? …………………………………… (215)
311. 地球上的海岸线有多长? ……………………… (215)
312. 海岸带有什么重要意义? ……………………… (215)
313. 我国的海岸线有多长? ………………………… (216)
314. 港湾海岸是怎样形成的? ……………………… (217)
315. 平原海岸是什么样子的? ……………………… (217)

316. 河口海岸是什么样子的？ …………………… (218)
317. 我国海岸线东部起点在哪里？ ……………… (219)
318. 东港市为什么被称为"东北小江南"？ ……… (219)
319. 中国海岸线的西部端点在哪里？ …………… (220)
320. 我国最西部的沿海城镇在哪里？ …………… (220)
321. 我国有多少岛屿？ …………………………… (221)
322. 我国主要的半岛在哪里？ …………………… (221)
323. 我国最大的岛屿有哪些？ …………………… (222)
324. 你知道我国的"鸟岛"吗？ ………………… (222)
325. 中国的"蛇岛"在哪里？ …………………… (223)
326. 为什么蛇岛上会有这么多的蝮蛇？ ………… (224)
327. 为什么要在蛇岛设立自然保护区？ ………… (224)
328. 中国有个"海猫岛"吗？ …………………… (225)
329. 山东省有多少海岛？ ………………………… (226)
330. 山东的海岛栖居着多少种海鸟？ …………… (226)
331. 山东海岛"之最"有哪些？ ………………… (226)
332. 田横岛在哪里？ ……………………………… (227)
333. 田横岛的名字是怎么来的？ ………………… (228)
334. 刘公岛上有什么历史遗迹？ ………………… (229)
335. 养马岛在哪里？ ……………………………… (230)
336. "小青岛"为什么又叫"琴岛"？ …………… (231)
337. 青岛的栈桥身世如何？ ……………………… (231)
338. 青岛石老人指的是谁？ ……………………… (232)
339. 团岛上有座"断魂桥"吗？ ………………… (233)
340. 你到过庙岛群岛吗？ ………………………… (234)
341. "蓬莱仙境"是真的"仙境"吗？ ………… (235)
342. 海门岛哪里去了？ …………………………… (235)
343. 中国的"蝶岛"在哪里？ …………………… (236)
344. 东山岛人为什么会"崇龟"？ ……………… (237)

345. 什么是"石蛋"地貌？ (237)
346. "风动石"为什么被称为"天下第一奇石"？ (238)
347. "碧玉毯"在什么地方？ (238)
348. 普陀山为什么被称为"海天佛国"？ (239)
349. "天下第一石"是什么"石"？ (239)
350. 我国最大的群岛是哪个群岛？ (240)
351. 舟山群岛为什么会被称为"祖国的鱼仓"？ (241)
352. 舟山群岛为何会有如此丰富的水产品？ (241)
353. 浪岗岛的"东海夫人"指的是什么？ (242)
354. 哪个岛是福建第一大岛？ (243)
355. 金门岛有什么战略意义？ (243)
356. "鼓浪屿"是怎样得名的？ (244)
357. "鼓浪屿"为何有"海上花园"的美誉？ (244)
358. 厦门岛也叫"海上花园"吗？ (245)
359. 澳门是一个什么样的城市？ (245)
360. "澳门"的名字是怎样来的？ (246)
361. 澳门为什么又叫"马交"？ (247)
362. 澳门的妈阁庙是怎样来的？ (247)
363. 我国第一大岛是什么岛？ (248)
364. 台湾岛名字是怎么来的？ (249)
365. 为什么说台湾岛是"年轻的岛"？ (249)
366. 台湾岛为什么被称为"蝴蝶岛"？ (250)
367. 龟山岛盛产"珠宝珊瑚"吗？ (250)
368. 钓鱼岛在什么地方？ (251)
369. 钓鱼岛主权究竟属于谁？ (252)
370. 兰屿岛上有"雅美人"吗？ (253)
371. 兰屿岛的"飞鱼祭"是什么样的节日？ (253)
372. 你知道大亚湾吗？ (254)
373. 伶仃洋在哪里？ (255)

374. 海南岛原来是和大陆连在一起的吗？………（255）
375. 天涯海角在哪里？……………………………（256）
376. 为什么说海南岛是全国热量资源最丰富的地区？…（257）
377. 五指山在什么地方？…………………………（257）
378. 海南岛为什么也称"椰岛"？…………………（258）
379. 海南岛为什么会成为游客的好去处？…………（259）
380. 大洲岛为什么被称为"燕窝岛"？……………（259）
381. 为什么要在大洲岛设立金丝燕自然保护区？…（260）
382. 南湾岛为什么称为"海中猴国"？……………（260）
383. 南海中的"神秘岛"是怎样形成的？…………（261）
384. 南海诸岛有几个群岛？………………………（262）
385. 你知道南海诸岛范围线的来历吗？…………（262）
386. 南沙群岛有多大？……………………………（263）
387. 我国最南端的国土在哪里？…………………（263）

388. 南沙有哪"四宝"？……………………………（264）
389. 为什么要在南沙建立永久性气象站？………（264）
390. 西沙群岛有多少个岛屿？……………………（265）
391. 东岛为什么又叫和五岛？……………………（265）
392. 为什么说西沙和南沙自古就是中国的领土？…（266）
393. 东沙"海人草"是什么样的"草"？…………（266）
394. 东沙岛为什么被称为"月牙岛"？……………（267）
395. 南海诸岛在长高吗？…………………………（267）
396. 万山群岛在哪里？……………………………（268）
397. 香港境内有多少岛屿？………………………（269）
398. 为什么将香港称为"东方明珠"？……………（269）
399. 海边的居民为何多长寿？……………………（270）

编后记……………………………………………（271）
《海洋小百科全书》分类目录……………………（272）

海洋地理

海洋地理大观

1. 地球是圆的吗？

我们在谈到地球形状的时候，常说地球是圆的。可是，地球真的是一个圆球吗？在人类历史发展的过程中，人们对于地球形状的认识是多种多样的。在中国，很早就有了"天圆地方"的说法。在北欧神话中，圆形的大陆是被四只生活在海洋之中的巨大神龟背负的。而古希腊的科学家亚里士多德通过自己的观察得出了"地球是圆的"的结论。1519—1522年，麦哲伦和他的船队完成了人类历史第一次环球航行，用事实证明了亚里士多德的结论。

从太空上看地球是什么样呢？这只有宇航员才能看到。1956年，苏联宇航员尤里安·加加林成为第一位在太空用肉眼看到地球"真面目"的人。从太空中看到的地球真是美丽极了，他把我们人类居住的地球形象地形容为"一个美丽的蓝色球体"。2003年10月15日,杨利伟乘坐神舟五号进行了中国首次载人航天飞行,尽管杨利伟没有看到整个地球,但在飞船上俯瞰地球那略带弧度的蔚蓝地球表面后,他感到了地球巨大球体的雄壮。同学们现在就努力学习吧,没准哪一天你会成为中国的宇航员遨游太空呢,那样的话,你也可以在太空一睹我们地球母亲的美丽了。

2. 地球有多大?

在一代又一代科学家的努力下,我们现在终于知道,人类居住的地球是一个巨大的椭圆形球体。根据科学的计算,地球是一个两极稍扁的球体,它在赤道上的半径是6378.140千米,在两极方向的半径是6356.755千米,形象一点说,它是一个巨大的梨形。虽然说它很巨大,但在茫茫宇宙中,它还只不过是沧海一粟,与其他更巨大的星球相比,地球只能算是个"小字辈"。

更有趣的是,由于太阳、月球及其他几大行星的引力影响,还有地球在不停自转的缘故,地球的形状每年都在发生着极其微小的变化。虽然这种变化用一般的仪器是无法测出来的,但几万年、几百万年甚至上亿年这些变化的累积会使地球变成什么样子呢?这已经成为现在科学家们非常感兴趣的一个问题。

3. 地球的表面积有多少?

地球表面的测算是一件很复杂的工作。尽管如此,科学家们还是测出了它的表面积的大小。那么,整个地球表面的总面积有多大呢?告诉你吧,地球的表面积有

51000多万平方千米!比起我们中国的大陆面积还要多50多倍呢!

不过,这么巨大的表面,由于海洋占据了71%的面积,我们人类至少有三分之二的地方不能安家落户。所以如何开发、利用广袤的海洋就成了现在各国共同关心的问题。

4. 地图是怎样画出来的?

地图和海图是我们人类认识地球、认识海洋的知识结晶,也是人类征服自然、改造自然的必备工具。可是,怎样把一个圆的地球表面画在地图上呢?

原来,绘图师们像剥橘子皮那样,在地球表面从北极开始,沿着西经30度线,也就是从大西洋的中间"剥开"直到南极,再把这只虚构中的球想象成可以适当伸缩的"橡皮球"。当我们展开这只"橡皮地球"的表面时,包括了南极洲、北冰洋和大西洋的四周区域,都在向外延伸,只有印度洋和太平洋没受多大影响。别看这样的地图有些变形,但它包容了全世界的所有地方和海洋的整个面目,对我们全面地认识海洋和陆地的情况,了解它们之间的相互关系,有着很大的帮助。

5. 世界政区图是什么样子的?

同学们见过的世界地图也许有很多种,其中最常见的就算是世界政区图了:一幅宽宽的椭圆形地图,上面布满了横竖交叉的经纬线,陆地上的各个国家用不同的颜色区别开来;最大的太平洋和世界第三大洋印度洋居于中部显要位置上;两边是窄长的大西洋,下面一长条白色的区域是南极洲;上面全是蓝色的边缘,不用说就是北冰洋了。不过,有一个情况应该说清楚,这只是我们亚洲国家常见的世界地图。如果到了欧美国家,他们的地图可要把自己国家放在地图的中间位置了,角度一变,海洋的面目也随之有所变化。如果是在南美洲或者大洋洲,它们的世界地图干脆南北颠倒,上面是白雪皑皑的南极洲,下面才是北冰洋。

6. 世界地形图是什么样子的?

和上面讲到的世界政区图不同,世界地形图通常是由两个正圆的图形构成,这两个圆形图案分别表示东半球和西半球。图上的陆地用深浅不同的红、黄、绿色表示高山、丘陵和平原的高度;海洋就用深浅不同的蓝颜色,甚至白色也用来表示大陆架、浅海和深海。地球的南北两极,在世界政区图上被"拉"得长长的,面目全非;而在世界地形图上被东西两个半球分了家。不过,我们要是沿着赤道把地球切开,分成"南"、"北"两个半球,那图上的中心部分不就是南北两极的完整形象了吗?当然,这样一来,太平洋、大西洋和印度洋,以及非洲大陆和南美大陆又都被分割成南北两个部分了。

7. 什么叫作"大陆星"?

"大陆星"是"大陆上的星星"吗?当然不是,大陆星其实也是一种世界地图,不过它看起来别具一格。说来有趣,地球上的各个大陆除了南极洲之外,都是成双成对地分布的。比如,北美洲和南美洲是一对,欧洲和非洲是一对,亚洲和大洋洲又是一对。而这每一对大陆都能组成一个"大陆瓣"。于是,有人将南半球的地形图切割成4瓣,分别有南美洲、非洲和大洋洲的大陆以及宽阔的太平洋,再将这4个"瓣"与北半球地形图拼成一个完整的图形,这就是"大陆星"了。它伸出的4只角瓣使整个图形像一颗美丽的星星,"大陆星"因此得名。"大陆星"集中地表现出地球上主要大陆的轮廓,这是它的优越之处。遗憾的是,南极洲和四大洋却不幸地被"四分五裂"了。

8. 地球仪是怎样做出来的?

同学们已经发现了:无论是世界政区图、地形图,还是"大陆星",在反映大陆和海洋时,都会有或多或少的偏差。那么有没有一种方法能比较准确地反映地球的真实情况呢?当然,任何问题都会有解决它的办法。科学家们发现,真实又完整地表现大陆和海洋的面貌,唯一的办法就是用立体的地球仪。

地球仪是一个由底座、倾斜着的半圆形支架和圆圆的球体构成的。底座上的弧形支架两端,各向内伸出一只顶针,顶住了球体上相对的两点,球体就可以在这两点连成的轴心旋转了。在这个球体上画出的陆地和海洋的轮廓就和实际形状完全一致了。顶针顶住的两点,在上面的是北极点,下面的是南极点。地球仪不仅能够准确、全面地表现大陆和海洋的真实形象,而且还能生动地演示地球自身旋转和围绕太阳运行,以及月亮绕地球运行过程中的种种现象,是我们认识整个地球和海洋的好伙伴。

9. 世界上最早的地球仪是谁发明的?

地球仪是我们认识整个地球的最佳工具。把地球缩成一个小小的地球仪,可真是一个伟大的创造。那么,你知道世界上最早的地球仪是谁发明的吗?那是在1492年,德国的航海地理学家贝海姆发明了世界上最早的地球仪。现在,这个老古董仍保存在德国的纽伦堡博物馆里,不过,那上面的印度洋却是朝东西方向扩展的海洋。而印度洋的真实面目,则是于300年后的1789年,在英国的著名船长库克进行了三次环绕世界的航海之后,才真正地弄清楚了。尽管这个最早的地球仪有很多错误,但我们仍然应该感谢贝海姆这位伟大的科学家。

10. 什么是经纬线?

大家在观察地图时,会看到一些贯通全图上下左右、横竖交叉的细线,它们像网一样地罩住了地球的表面。这些细线就叫作经纬线,是从纺纱织布的工艺中借用来的名词。

让我们仔细观察一下这张经纬"网"的特点吧:那些像西瓜上的花纹一样的纵线条,叫作经线。每一条经线都是从地球的北极伸向地球的南极。两条相对的经线可以合成一个完整的圆圈,称为"经圈",也叫"子午圈"。经圈的特点是每个经圈的半径都相等,每两条经线并列却不平行,直到南北极相汇交叉。那些横向排列的细线叫纬线,纬线和经线相比却另有一番特色:它们都是平行排列,而且长短不同。以最低纬度(0度)的赤道的半径为最大,足有6378千米;以最高纬度的南北极(90度)为最小,只有一个点。

11. 为什么要在地图上画上经纬线?

早期的地图上并没有经纬线,表示地形、地貌只能按实际情况模仿示意。然而,由于没有确定相互位置的基准,这种模仿绘图与实地相差很大,有时连大体的方位都把握不住。比如,在茫茫大海上的航船随时要知道自己的准确位置,来掌握航向,如果用这样的地图,是不能准确地说出自己的位置的。

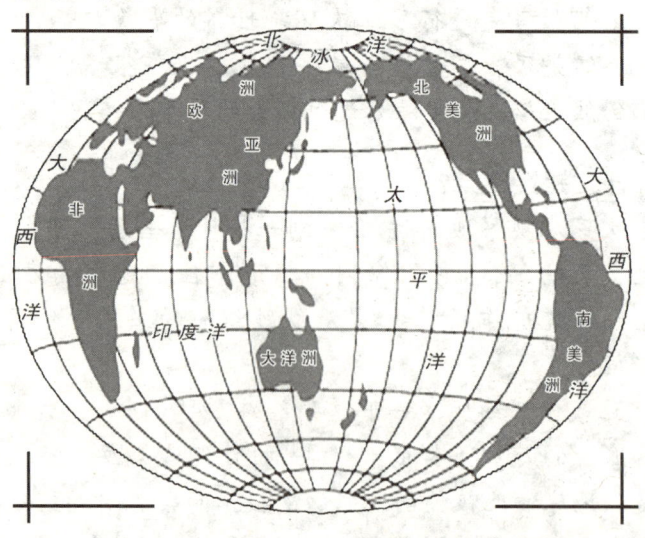

地图上的经纬线

可是,地图上有了纵横交错的经纬线这个网络,使用起来实在是太方便了。我们可以根据经度和纬度的大小数据,很快地在地图上找到任何一个地点的地理位置。比如,先找到东经116度28分的那条经线,然后再找到北纬39度57分的那条纬线,在这两条线的交叉点上就是我们伟大祖国的首都——北京。同样,我们也可以在地图上查到你居住的地方的经纬度数值,再把它和北京的经纬度数值加以计算,很快就会知道你和首都北京有多远的距离了。

看来,我们认识地球、认识大海都离不开地图这个忠实的伙伴,同样也离不开经纬线这个有力的工具。

12. 经纬线是怎么划分的?

现在,同学们可能会有一个疑问:既然经纬线是人为绘制的,那经纬线划分的依据又是什么呢?

这可是有点来历的。1884年,在美国首都华盛顿召开的国际子午线会议上,把经过英国著名的格林尼治天文台的那条经线作为第一条经线,称为"本初子午线",也叫作"零度经线"。人们还把通过南北两极和地心的那条无形的直线,叫作"地轴"。地球正是绕着这根地轴,日夜不停地向东旋转着。360根经线把地球表面均匀地分成了360个相等的"橘子瓣"。每个"瓣"的宽度正好是经度1度。在本初子午线以东的叫"东经",以西的叫"西经"。东西经又各自分为0度线~180度线,由本初子午线和180度经线合成的经圈,把地球分成了东、西两个半球。

南半球和北半球的划分,当然就是以零度纬线的赤道为界了。从赤道到极点每相差一个纬度,纬线之间的距离就相隔约 110 千米,90 个纬度线之间的距离加起来共有 9984 千米呢。

13. 为什么会有国际日期变更线?

有这么一个小笑话,说的是 19 世纪的某一天,在俄罗斯远东地区的一座小城里,一位邮政官在 9 月 1 日早上七点钟,给远在太平洋彼岸的美国芝加哥邮局发了一份电报。但他随后收到的回电中却有这样的话,"8 月 31 日 9 时 28 分收到来电……"。9 月发报,8 月收到,你说怪不怪。然而,这样的怪事天天都会出现。

其实,说怪并不怪,当时人们还没有一个统一的时间分界线来确定"昨天"和"今天"究竟在哪里"分手"。原来,地球每天都要从西向东不停地绕着地轴自转。清晨、中午、傍晚、深夜在地球表面依次"移动"着、变换着,顺序地在世界各地出现。问题也就由此产生:新的一天从哪儿开始?因为不管哪个地方都有白天和黑夜,都可以说自己的家乡是一天开始的地方,但是谁也不能说服别人承认这一点。混乱和麻烦就这样出现。随着社会的发展,国际交往日益频繁,再找不出大家公认的办法,就会出现更大的乱子。

终于,到了 1884 年世界各地的代表们聚集一堂,召开国际经度大会。大家要确定一条国际日期变更线,以便全世界的人们掌握一个共同的时间标准,同时要划定一条"昨天"和"今天"的分界线,这条分界线就是国际日期变更线。

14. 国际日期变更线在哪里？

大家知道"昨天"和"今天"的分界线，也就是国际日期变更线，首先应该是一条经线，但究竟哪条经线充当国际日期变更线最合理、最恰当呢？

为了找到一条对人类日常活动影响最小的地方作为国际日期变更线，人们不约而同地将目光集中到了辽阔的太平洋上，尤其是太平洋的中部180度经线上。这条经线除了在北半球穿越俄罗斯偏远的楚科奇半岛，在南半球经过一些人烟稀少的群岛之外，再没有人类居住的陆地和岛屿了，在这儿变换日期实在是最合适不过了。这条线上的子夜，就是当地时间的零点，只不过在"线"东是头一天的零点，而"线"西则是当天的零点罢了。按照规定，凡是越过这条"国际日期变更线"的轮船和飞机等交通工具向西行驶穿"线"时，都要翻过一页日历；向东穿"线"就要翻回一页日历，以便和当地的日期相符。

15. "地理大发现"是从什么时候开始的？

很久以前，由于航海经验不足，造船技术水平太低，不能到远洋去航行，无法亲眼见到大范围的世界是什么模样的，人类对陆地的大小、对海洋的范围甚至对整个地球的形态的认识都很模糊、很零散。没有人能回答"陆地大还是海洋大？"、"地平线和海平面到底有没有尽头？"、"我们脚下的大地到底是不是圆的？"诸如此类的问题。

在500多年前的1486年，一位叫迪亚士的葡萄牙人奉国王约翰的命令，从欧、非大陆之间的直布罗陀海峡出发，沿着非洲大陆的海岸一直向南航行，最终到达了大陆的最南端——好望角。这次航行的完成,意味着人类对地球的认识有了飞跃的变化,揭开了人类历史上的一个辉煌时期——地理大发现的序幕。此后,哥伦布发现了美洲大陆,麦哲伦完成了人类

好望角的发现

历史上第一次环球航海探险。所有这些航海探险使人类对地球的认识产生了新的飞跃。

16. 地球分为哪几个洲和洋?

从太空中看我们居住的星球,就像一个蔚蓝色的水球。地球上的陆地面积不仅比海洋面积要小得多,而且分布也显得较为分散。地球上的海洋是连成一片的,形成了统一的世界大洋。但陆地却没有形成统一的世界大陆。

为了方便起见,人们通常把海洋分为4个大洋,即太平洋、大西洋、印度洋、北冰洋。它们把陆地分为几大部分,并分别以"大陆"和"洲"命名。称为大陆的共有6块,按面积大小依次是欧亚大陆、非洲大陆、北美洲大陆、南美洲大陆、南极大陆和澳大利亚大陆。上述6块大陆又分为7个洲,按面积大小依次是亚洲、非洲、北美洲、南美

洲、南极洲、欧洲和大洋洲。我们中国的位置就在欧亚大陆的亚洲东部。

17. 四大洋的分界线在哪里？

人们通常把世界大洋分成4个部分：太平洋、大西洋、印度洋和北冰洋。虽然这4个大洋连成了一片，它们的界线却十分分明。

太平洋与大西洋的分界线是在南美最南端的合恩角（西经67度16分）到南设得兰群岛之间的最短距离上。太平洋与印度洋的分界线是：马来半岛至苏门答腊岛、爪哇岛、帝汶岛、澳大利亚大陆至塔斯马尼亚岛一线的最短距离，其南端从塔斯马尼亚岛的东南角沿东经146度51分经线至南极大陆。太平洋与北冰洋的分界线在白令海峡最窄处。大西洋与印度洋的分界为：非洲南端的厄加勒斯角沿东经20度经线至南极大陆。大西洋与北冰洋的分界为：挪威西海岸（北纬61度）、设得兰群岛、法罗群岛、冰岛、格陵兰南森角（北纬68度15分，西经29度30分）之间的最短距离。

这看起来似乎很复杂，但如果手头上有世界地图，就很容易找到四大洋的分界了。

18. 地球内部是什么样子的？

不少同学都洗过"温泉浴"，或者从书上、电视中看到过火山爆发的情景。温泉和火山似乎都在告诉我们，地球内部是一个炽热的世界。那么，地球内部到底是什么样子的呢？

科学家告诉我们：地球内部是分层的。根据各层物质的组成、性质的不同可分为地壳、地幔和地核。如果把地球形象地比作一个桃子,那地壳就相当于桃子最外面的一层果皮,地壳的平均厚度仅有 16 千米,与地球的平均半径 6370 千米相比是很小的。地球内部相当于桃子果皮与核之间的果肉的那层物质叫作地幔。地幔很厚,从地壳以下到地下 2900 多千米都是地幔物质。地幔内的压力很大,从浅层的几万个大气压一直增大到深层的上百万个大气压,同时温度也很高,难怪连岩石都会被融化掉了。地表以下 2900 多千米的部分就是地核了,它就相当于桃子的核。地核还分为内核与外核,是地球内部热量主要来源,温度之高就不难想象了。

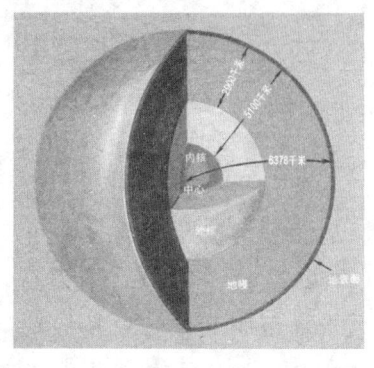

地球内部的结构

可是要真正到达地球内部深处进行实地观察,我们人类现在的科学技术还达不到,那么,科学家为什么为我们描绘出这样一种情景呢?相信这个疑问同学们通过以后的学习会自己解决的。

19. 地幔是流动的吗?

地幔是在地球内部地壳与地核之间的部分,包括从地表下深约几十千米至 2900 千米深度范围的固体层圈。那么,你知道我们居住的地球中的地幔,是凝固静止的呢?还是流动的呢?

地球中的地幔是流动的。地幔物质由于热量的增加,密度减小,形成热流上升,达到地壳下部再向不同方向分别流动,随着温度的下降,又转向地球内部运动。大陆的破裂、拉张和大洋的形成都与地幔的对流有关。当然,地幔运动的过程是非常缓慢的,上升对流的活动时间可达数千万年甚至数亿年。

20. 非洲和南美洲曾经连在一起吗?

如果你仔细观察世界地图,就会发现一个奇怪而有趣的现象:大西洋两岸的轮廓线竟是如此相对应,特别是巴西东端的直角突出部分,与非洲西岸呈直角凹进的几内亚湾完全吻合。自此以南,巴西海岸的每一个突

出部分,都恰好和非洲西岸凹进的海湾相对应。相反,凡非洲西岸的突出处,总是与南美海岸的凹陷处相配合。这是怎么回事呢?

这还要从20世纪初德国著名地球物理学家魏格纳提出的大陆漂移学说说起。大陆漂移学说认为,在距今约3亿年以前,地球上现存的七大洲还是连成一片的整块大陆,其周围被一片广阔的海洋所包围。大约在2亿年前,这块原始大陆在天体引潮力和地球自转离心力的

作用下,慢慢破裂、漂移,逐渐形成了今日世界海陆分布的轮廓。陆地逐渐裂开,形成了四大洋。大陆之间的距离虽然越来越大,然而不管两者距离有多大,仍可以大致拼合在一起。因此,大西洋两岸的陆地可以拼合起来。

21. 为什么说大陆会漂移?

20世纪初德国著名地球物理学家魏格纳提出了大陆漂移学说。那么,大陆为什么会裂开并漂移呢?这种学说拥有哪些最基本的论据呢?

魏格纳认为,大陆不是固定不动的坚硬地块,而是一个较轻的硅铝层,它漂浮在黏性很大的液态硅镁层之上,就好像冰浮在水上一样。由于受太阳、月亮的吸引力和地球自转时产生的离心力的作用,它会发生移动。而在移动时,由于各处的快慢方向不一致,所以产生了大陆的分裂现象。

许多科学家们对此进行了大量的调查工作。地质学家在非洲撒哈拉沙漠地区以及和加纳的阿克拉海湾相隔的南美洲巴西境内,都找到了一片年龄为20亿年,外貌带有像树皮一样纹理的古老岩层。古生物学家发现,各大陆不仅生物进化的基本序列相同,而且具有许多相同的生物化石种类。如在东非和南美2亿年前的地层中,都找到了相同的各类陆生爬虫类化石,在西欧和北美甚至有着相同种属的庭园蜗牛和蚯蚓的分布。那些陆地生长的动植物是绝不可能经由海域从一块大陆迁徙到另一块大陆上去的。这下你该相信各大陆是由漂移而来的了吧。

22. 大陆还在漂移吗?

大陆漂移学说已经被很多人所接受了,细心的同学一定会问:"那么,现在的大陆还在漂移吗?"

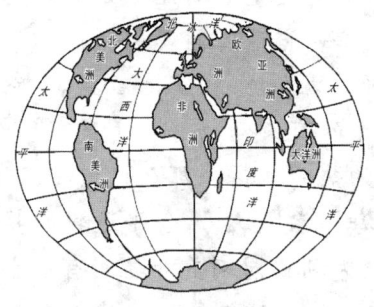

大陆漂移

说起来真是令人难以置信,我们居住的各个大陆还在漂移。当然,海陆变迁的演变过程是异常缓慢的,人们无法直接感觉到。这样,横跨海域的长时间大地测量也就应运而生了,而且精度越来越高。愈来愈多的测量数据表明,地球各大陆朝着各个方向漂移的情况是相当普遍的。美国航天局在卫星上安装激光射线和精巧的原子钟观测发现:目前,大西洋东西两岸的漂离速度是每年 1.5 厘米,夏威夷岛与美洲大陆之间则以每年 5.1 厘米的速度在靠近,澳大利亚与北美大陆的距离每年扩大 1 厘米。

从数万米高空俯视地球时,一片片色彩斑斓的陆地就像漂浮在蓝色海面上的瑰丽航船,正悄悄地发生着细微而深刻的变动。这变动是不知不觉的,但却是确定无疑的。

23. 澳大利亚和南美洲曾经连在一起吗?

一说起澳大利亚,人们立刻就会想到已成为澳大利亚标志的袋鼠。以前,大多数人一直认为澳大利亚是袋鼠的故乡。原因是在 1770 年 6 月,英国探险家库克率

"努力"号来到澳大利亚大堡礁近岸,发现了袋鼠。可你知道吗?澳大利亚并不是袋鼠的故乡!

若干年前,科学家在南美的圣克鲁斯几十万年前的地层中找到了有袋动物的化石,它不但同澳大利亚的袋鼠很相似,而且比澳大利亚发掘到的袋鼠化石更古老。有一种与袋鼠有"亲戚"关系的有袋动物——负鼠,迄今仍生活在南美洲和中美洲的热带地区。那么,袋鼠又是怎样来到澳大利亚的呢?海洋学家认为,合乎逻辑的推理应当是,在几十万年前,澳大利亚同南美洲之间有一个陆桥相连,袋鼠正是通过这个陆桥从南美到达澳大利亚的。

24. 为什么大洋底的年龄比大洋年轻?

在20世纪50年代,海洋科学家们惊奇地发现,已有30多亿年生命史的海洋,其海底地壳的年龄却很少超过1.6亿年。那么,古老的洋底哪里去了?在其后的十多年间,人们通过各种测量和测试手段,最终拨开了笼罩在这个问题上的云雾。原来,被浩瀚的海水覆盖的海底是不断地扩张和移动着的。

通过科学考察,人们已经知道大洋底部不是"一马平川",而是布满了海沟和"山峰"。如果我们把地球比作一头怪兽的话,那么这些"山峰"和海沟就是它的两个血盆大口。大洋中脊吐出地球内的物质,营造新的海底,而海沟吞没着旧的洋底,让它重新回到地底下去。海洋的底就是这样被替换更新着,大约每2亿年一次。如果把整个海洋比作一只大脸盆,海水是脸盆中的水,海底扩张就像是给脸盆换了个新盆底的过程。盆底换新了,而海洋却还是老样子。

25. 海底为什么会扩张和移动?

海底为什么会不断地扩张和移动呢?原来,在地壳的下面是厚达2900千米的地幔,由于地幔温度很高,压力很大,使地幔物质处于熔融状态,就像沸腾的钢水一样不断翻滚、对流。

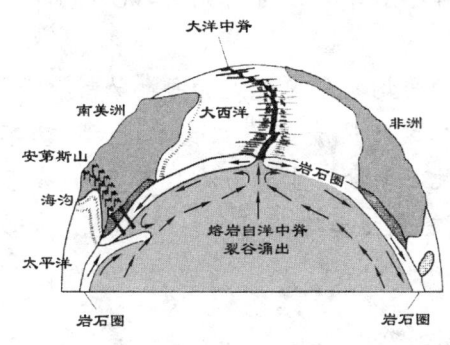

海底扩张过程

当岩浆上涌对流到岩石圈的底部时,地幔流受到了阻碍,于是就分成两股朝两侧流动。它的力气可真不小,能把岩石圈撕开,地下的岩浆就乘此机会冲出海底喷射出来,低温海水使它冷却凝结,铺在老的洋底上,变成新的洋壳。当然,地幔涌升绝不会如此停止,在继之而来的地幔涌升力的驱动下,新洋壳又被撕裂,裂缝中又涌出新的岩浆来,冷凝固结,再为涌升流所推动,把原来的海底挤向两侧。渐渐地在这儿隆起了一座高高的海岭,横贯大洋的中央。分开的海底就像驮在传送带上似的,慢慢地向两侧推移开去,这就是海底扩张。

26. 大洋底还在继续扩张吗?

我们都知道,地球各大洋的海底都有高高耸立的水下山脉,由于它们大多位于大洋的中部,人们称之为"洋中脊"。令人惊讶的是,顺着全球性洋中脊的脊顶,还有一道切割颇深的海底裂谷,约有 65000 千米长,被地质学家称为"全球性裂谷系"。自 20 世纪 60 年代以来,许多地理、地质学家经过对洋中脊的分析研究后,认为大洋底还在继续扩张。

据估算,大洋底的平均扩张速度大约每年为 3 厘米。在这种地壳的运动中,大洋地壳一边生长,一边消失,不断更新,今天的海岭数万年后可能成为海盆或海沟,今天的海沟数万年后也可能成为海岭或海盆。这真是太奇妙了!

27. 什么是板块构造学说?

20 世纪 60 年代,可以说是地球科学史上最为激动人心的年代。1967 年,有几位才华横溢的地质学家在英国剑桥大学聚会,威尔逊、赫斯、摩根、马修斯、瓦因和勒皮雄,这些在各自的专业领域对"海底扩张说"作出不同贡献的科学家,展开了热烈的讨论。正是在这种自由的探讨中,逐渐形成了一种新的地球观,这就是"板块构造学说"。

板块构造学说的科学家们认为,地球最外层的刚性岩石圈犹如在传送带上一样,被不断推移着。但这岩石圈并非铁板一块,而是被各种断裂或构造活动带分割成许多的块体,这就是"板块"。这些板块被驮在地幔层顶部的软流层之上,随着地幔的对流而不停地漂移。板块构造理论认为,每个板块的厚度约为 100 千米。实际上,

大陆是坐落在板块上的,当板块运动时,同时也载着大陆向前漂移,大陆只不过像乘客一样,乘坐在板块之上行进的。

28. 谁最早提出"板块构造学说"?

应该说,最先提出"板块构造"观点的是美国普林斯顿大学的年轻教授贾森·摩根教授,但遗憾的是,他只是在1967年的一次学术会上做了口头论述,其论文是在一年之后才在《地球物理学研究杂志》上发表。在此之前,英国《自然》杂志也发表过英国剑桥大学麦肯齐和美国加利福尼亚大学帕克合著的类似论文。致使这一理论的发现,谁先谁后还在争论中,更多的人认为法国地球物理学家格扎维埃·勒皮雄是首次系统提出"全球板块运动模式"的学者,他系统深化了摩根的观点,并在1968年3月的《地球物理学研究杂志》上发表了《全球板块运动模式》的论文,第一次比较全面系统地论述了"板块构造学说"的内容。

29. 太平洋的名字是如何得来的?

太平洋在亚洲、大洋洲、南极洲和美洲之间,是世界大洋中最大的一个。它东西最宽处约 19 000 千米,南北最长约 16 000 多千米,面积达 1.8 亿平方千米,仅占全球面积的 35%,整个世界海洋总面积的 50%,超过了世界陆地面积的总和。早在 1520 年 11 月底,葡萄牙航海家麦哲伦率领船队,由大西洋绕过南美洲,进入麦哲伦海峡。随后,他们一路上经受了狂风巨浪,经过 30 多天迷宫般航行之后,又进入一个新的大洋。在这个新的大洋沿途航行了 110 多天,由于天公作美,天气晴好,始终风平浪静,麦哲伦很高兴,认为这个大洋很"太平",他就给取名为"太平洋"。其实,太平洋周边是地球上火山地震最频繁的地带,在南纬 40 度的地方,终年西风肆虐,风急浪紧,被称为"狂吼咆哮的西风带"。实际上,太平洋并不"太平"。

太平洋的岛屿众多,约有 10000 个,较大的岛屿将近 3000 个,最大的岛屿是新几内亚岛,仅次于格陵兰岛,居世界第二。太平洋西部的岛屿,多是大陆岛屿,如日本列岛、加里曼丹岛和新几内亚岛等;太平洋中南部的岛,多为火山岛、珊瑚岛。世界著名的大堡礁,在澳大利亚东北部沿海,绵延长达 2000 多千米,宽达 200 多千米,包括 500 多个珊瑚岛。岛上有茂密的热带森林,海水清澈,鱼虾潜游,航路曲折通幽,是一大旅游奇观。大洋中部的夏威夷群岛,风景优美,沙滩洁净。

30. 太平洋是最古老的大洋吗？

太平洋不仅是世界上最大、最深，岛屿最多的大洋，而且，太平洋还是最古老的海洋。5亿年前的亚洲和欧洲，大部分的区域全为"泛古洋"所浸没，这就是太平洋的前身。在距今2亿—1.6亿年前，大西洋的扩张导致美洲大陆向西漂移，印度洋的扩张导致澳大利亚向北推进，正是大西洋和印度洋扩张的结果，造成古老广阔的太平洋逐渐收缩。大片古洋底已经俯冲消亡于亚洲和美洲之下。"泛古洋"的发展经历了好几个时期，最终的"泛古洋"距今约3亿年前形成，这就是人们所称的"古太平洋"。算起来，太平洋现已步入晚年，经过了约3亿个生日！

31. 谁是最年轻的大洋？

在四大洋中，太平洋是地球上最古老的大洋，那么，最年轻的大洋是谁呢？它就是地球上的第三大洋——印度洋。

在20世纪初期到中期，随着大陆漂移和板块构造学说的兴起，科学家们对大洋形成演化年代有了比较清楚的认识。距今1.6亿—1.4亿年

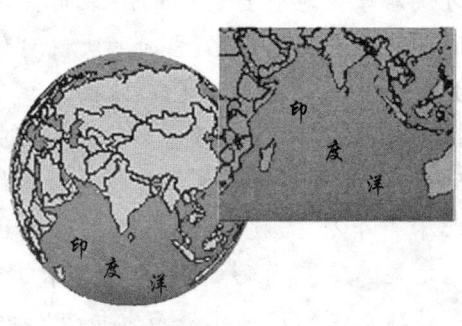

印度洋

间，非洲、南极洲和澳大利亚之间出现洋中脊，印度洋的

雏形开始形成。在距今1.0亿—0.8亿年间,印度、马达加斯加岛与非洲分离。在约6000万年前,澳大利亚才与南极大陆分离。印度洋的现代轮廓直到100万年前才形成,它是上述板块分离和漂移运动的最终结果。

如果从大洋演化初期开始计算大洋的年龄,太平洋的年龄有9亿多岁,大西洋约有2亿岁,印度洋却只有1.4亿岁~1.6亿岁。由此可见,印度洋是他们中年龄最小的一个。

32. 北冰洋是全球大陆的发源地吗?

众所周知,北冰洋与南极大陆分别位于地球的两端。几年前,有位中国地质学者提出了全球大陆的发源地在北冰洋,也就是说陆地是从大洋中溢出并蔓延到地球的其他位置的。

持这种"古怪"假说的人认为,地球表面原来就没有海洋和陆地,后来在一定条件下,地球内部的熔融物质,从现在的北冰洋这个"窗口"中源源不断涌出来,按一定方式沿原始地表自北向南滚滚而去,并逐渐固结为最初的大陆地壳。据推测,当时的大陆可能是连成一体的,而且面积没有现在这么大;陆地面积越小,它就更靠近北极地区,沿北极周围呈星星状分布。当你打开世界地图仔细观察,就会发现地表所有陆块除南极洲外,全都簇拥在北冰洋外侧,呈放射状向南展布,而且越靠近北极,越明显地显出倒三角形的形状,分布在大洋水体上。这不正是地球内部物质由北极而出向南流动的痕迹吗?唯一例外的南极洲则是已经到达终点的陆块。

你看,这有多离奇!北冰洋竟然成了全球大陆的发源地,真是不可思议!这个假说的可信度如何呢?相信不久的将来,人类会用科学和智慧来揭开这个谜的。

33. 大西洋是从地球的"伤口"里长出来的吗?

大西洋是地球上的第二大洋,这个大西洋是怎么形成的呢?说来有趣,它竟然是从地球的一道巨大"伤口"里慢慢长出来的。

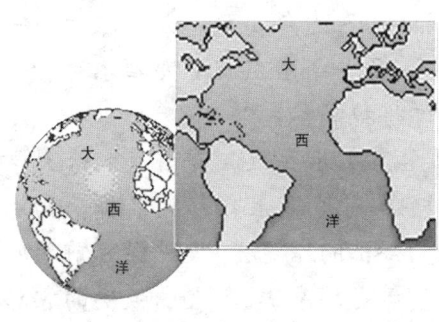

大西洋

科学家们已经证实,美洲和欧洲、非洲等从前是紧密相连的同一块陆地。后来,这块超级大陆仿佛受到致命的一击而遭重创,它的身子被划破了,于是在美洲和非洲之间裂开了一道长长的伤口。以后,这道伤口变得越来越宽,越来越深,超级大陆终于被肢解,西面的美洲和东面的欧洲、非洲从此离别而各奔前程了。咆哮着的海水涌进了美洲和欧非陆块之间的裂口,一个崭新的狭窄海洋就此诞生出来,它便是一个幼年的大西洋。幼年的大西洋沿着中央裂谷不断地分裂并长出新的海底,老的海底被推向两边。大西洋渐渐地长大了,从一个狭窄的幼年洋扩张拓宽成今日浩瀚辽阔的成年大洋。与此同时,随着大西洋的扩张,西边的美洲和东边的欧洲、非洲被越推越远,直到现在的数千千米之遥。

而且,大西洋当中的这道"伤口"并没有痊愈,它至今仍在不停地溃破分裂着……

34. 大西洋能把太平洋挤掉吗?

大地测量专家利用最新技术测出,自6500万年以来,大西洋洋底一直以平均每年4厘米的速度向两侧分离开来,也就是说,大西洋仍在逐年变宽。大西洋的另一边是太平洋,一个变宽了,另一个当然就非变窄不可。可是,大西洋真能把太平洋挤掉吗?

对此,也有一些科学家表示异议。美国芝加哥大学的一位地质学家利用电脑,对地球上各片大陆将来的漂移情况进行了模拟推算,得出的结论是:太平洋目前的收缩只是暂时的,随着地质历史的演进、各大陆板块的漂移方向和互相作用的结果,将来太平洋有可能会对大西洋进行全面"反攻"。电脑显示,在1.5亿年之后,大西洋不仅不会挤掉太平洋,反而会被太平洋挤成一个"小西洋",甚至有可能从地球上消失。

太平洋是世界第一大洋,大西洋是世界第二大洋,它们似乎在为夺取或保住"世界第一"的桂冠而顽强较劲。至于究竟谁能斗得过谁,也许只有时间才是最好的证明吧!

35. 陆地上最大的"伤疤"是什么?

如果乘飞机航行于东非高原,可清楚地看到地上有两条阴森恐怖的大壕沟,这就是陆地上最大的"伤疤"——东非大裂谷。

在世界地图上很容易找到这条"伤痕",因为这里就像被人用刀深深地划开一条长口子,"无孔不入"的水注入那些割裂最深的"伤口",形成了40多个与众不同的条带状或串珠状湖泊群。这条著名的大裂谷北起约旦河谷和死海,通过红海登上非洲大陆,到达图尔卡纳湖以后分为两支继续南下。西支沿艾伯特湖、爱德华湖、基伍湖,至坦噶尼喀湖,东支则穿过肯尼亚和坦桑尼亚境内的一系列小湖,在马拉维湖北岸又合二为一,南延至赞比西河口。东非大裂谷跨越50多个纬度,总长超过6500千米,仿佛是由推土机在大地上开出的一道深壑,人们称它是"大地上最大的伤痕"。大裂谷宽数十千米至二三百千米,裂谷两侧,谷壁陡峭,地势险峻,而谷底则较平坦,一般谷壁高出谷底1000米~2000米。

36. 东非大裂谷未来会变成海洋吗?

2亿年以前,非洲大陆和美洲大陆原本是浑然一体的一块"超级大陆"。后来,地壳沿一条纵贯南北的深沟破裂开来,有一部分地壳就此下沉,整块"超级大陆"于是一分为二,各主沉浮去了。在这两片陆地缓慢分离之际,浩瀚的大西洋应运而生。

今天,昔日大西洋式的"造海运动"正在东非大裂谷地带同样神奇地进行着。首先指出这一情形的,是英国地质学家约翰·瓦尔特·格列高里。他认为,东非大裂谷是因为地壳部分下沉形成的,就如同大西洋海沟一样。1893年,格列高里沿裂谷进行了5个星期的徒步考察,结果证实了他的假设没有错。根据推算,裂谷约1000万年以来不断向外扩张,近200万年大约每年以2厘米～4厘米的速度向外扩张,若以这样的速度一直不停地扩张下去,用不上2亿年,一个同大西洋一样浩瀚的新的大洋即会产生。

东非大裂谷真的会变成大洋吗?看来人类也只有拭目以待了。

37. 为什么南极洲被称作"冰雪大陆"?

在地球的最南端,有一大块常年为冰雪覆盖的陆地,叫南极洲。连同附近的岛屿在内,它的面积共有1400多万平方千米。这里是地球上最大的"冰雪大陆",几乎到处都覆盖着深厚的冰雪,白茫茫的冰原覆盖着南极洲面积的95%以上。冰层的平均厚度约1700米。最厚的地方达到4200米。整个南极大陆,冰的体积达2400多万立方千米,占全球总冰量的89%,总淡水量的70%。冰盖的体积,几乎和大西洋的水容积相等。有人作过推算,如果将这些冰块全部溶化,世界洋面将要上升70米,那样的话,全世界大多数平原及全部的海港码头乃至滨海城市等,都将被海水淹没。当然,这种可怕的情形是不可能出现的。

由于南极是个冰雪世界,它的冰量最多,因此,它成为地球上最大的天然冰库,所以,人们才把南极称为"冰雪大陆"。

38. 南极洲为什么会有如此多的冰雪?

为什么南极洲会有如此多的冰雪呢？这主要与它的纬度位置有关。南极洲陆地储热能力不及海洋，夏季获得的有限的热量，很快就辐射掉了，而且南极所环绕的海流，尽属寒流，使气候酷寒，所以冰多。巨厚的冰层使南极洲的平均海拔高度达到 2600 米，比地球上其他六大洲的平均高度要高出大约 1500 米。由于南极地势高，空气稀薄不保暖，虽有几个月全是白昼，但太阳只是在地平线上盘旋，太阳光斜射，巨大的冰原，像镜子一样，能反射几

南极企鹅

乎全部的太阳光，因而，所获热量极少，气温进一步降低，造成终年酷寒。1967 年，挪威在南极点附近纪录到零下 94.5℃的气温。这是迄今世界上的最低气温纪录。由于气候酷寒，南极的降水只能是以冰霰的形式降落下来，终

年不化。这里年平均降水量不过55毫米。但由于气温低,蒸发弱,逐年积累,终于形成了巨大的冰原。

39. 南极洲有"热水瓶"吗?

我们大家都知道,南极洲位于地球的最南端,这是一块常年为冰雪覆盖的广袤的陆地,是地球上最大的"冰雪大陆"。有趣的是,在这块世界上最冷的大陆上,却有一个温度比较高的"热水瓶"。

这里所说的"热水瓶",并不是家庭中用来盛热水的暖瓶,而是指在南极的莱特冰谷里,有一个瓦塔湖,湖面长年累月覆盖着厚厚的冰层,气候十分寒冷。但在这个湖泊的深处,却是另一番景象,离湖面60米左右的深处,有一层盐水饱和了的咸水层,温度达到27℃,比湖面的平均温度高47℃,南极的考察人员于是把瓦塔湖称作是地下的"热水瓶"。

40. 南极洲为什么会有"热水瓶"?

在冰天雪地、气候异常寒冷的南极洲,为什么瓦塔湖会有这种"热水瓶"呢?人们众说纷纭。有人认为,这是地球内部的地热向上活动的结果。但经科学探测,人们发现湖底沉积物的温度比湖底水层的温度要低,湖底水层的温度又比湖的中部咸水层的温度要低,这就说明,热源不可能来自地下。那么热源会来自哪里呢?地质学家经过大量的考察研究,终于揭开了这个"热水瓶"的秘密。原来,这个热源不是来自别处,而是来自太阳。

地球上有数不清的大大小小的湖泊,比起南极洲的瓦塔湖来说,这些湖泊受到太阳光照射后所获得的热能会更多,可是,在寒冷的季节里,这些湖中并没有热水层。这是为什么呢？原来,瓦塔湖湖面的冰层虽然很厚,但湖水却非常洁净,很少有矿物质和微生物,保持了永不混浊的状态。南极洲极昼时,虽然太阳光始终是斜射的,但长时间照在湖面上,透过洁净的冰层和透明的湖水,把湖底的水晒成了温水。这一层湖水含盐较多,咸水的比重较淡水的比重大,不会跟上层淡水对流溶合,能够较好地积蓄太阳光能,加之淡水层像件保暖的"棉袄",湖面的冰层又像密闭的保暖库,这层咸水就成了一个"热水瓶"。

41. 真有"找不到北"的地方吗？

日常生活中有这样一句俗语,形容一个人被某件事弄得晕头转向时,别人就会说他是"找不着北了"。其实世界上还真有一个地方,再聪明的人,再冷静的头脑也"找不着北",这是什么地方呢？这个地方就是北极！当你站在地球的北极点上,环顾四周时,到处都是南,偏偏没有北,其实这个"北"就在你自己的脚下。不过,如果这时你掏出你的指南针,你会发现指南针的北极会指向某一个方向。这是因为地球上地理的北极和地磁的南极并不是完全重合的缘故。

42. 南极和北极有什么不同？

南极和北极虽然都处在地球的寒冷地带,不过,如果把它们进行对比,人们还是会发现很多有趣的不同。

北极的夏季,是一派百花盛开的景象,草原上到处鲜花盛开,清香扑鼻,让人感到赏心悦目,心旷神怡。由于有几条大河流入其中,有很多淡水鱼类来到这里生活。

陆地上有许多候鸟和岸鸟一起繁衍后代。陆地和海洋哺乳动物也不少,如人们所熟悉的海象和北极熊等。同是位于地球的两极,纬度高低相同,太阳照射的时间长短和角度也一样,北极的冰却比南极的要少很多,冰川的总体积只及南极的十分之一。

和北极相反,南极一年四季呈现的都是一块寒冷的不毛之地,生物生存环境恶劣。南极洲的植物极少,主要是地衣、苔藓和藻类。南极洲没有陆地脊椎动物,只有一些耐寒性极强的节肢动物广泛分布。不过,企鹅在南极洲很多,而且,南极海域磷虾总的产量可不小,有10亿~15亿吨,磷虾作为一种重要的食品和工业原料,已经越来越引起人们的重视了。

43. 喜马拉雅山是从大海里升起来的吗?

我国青藏高原南缘的喜马拉雅山,平均海拔6000米以上,是地球最高的山脉。就是这样一座山脉,却是从古老的大海里长起来的,这真是不可思议的事。那披着冰雪的盔甲、绚丽多姿、气象万千的世界屋脊,怎么能和碧波万顷的大海扯到一起呢?

事情确是如此。在喜马拉雅山的岩层中,地质学家常常能见到古代海洋里的生物化石,包括三叶虫、鹦鹉螺、菊石、苔藓虫、海胆、介形虫、有孔虫、海藻和鱼龙等。为什么在高出海面几千米的雄伟山脉会有海洋里的生物化石呢?这是地壳上升引起的海陆变迁的结果。原来,在很久很久的以前,喜马拉雅山脉一带曾是一片汪洋大海,地质学家称它为"喜马拉雅古海"。据地质学家研究,喜马拉雅山脉一带由汪洋变山脉，经历了漫长的地质历史时期，一直持续到距今约3000万年前，地壳发生了一次强烈的造山运动，在地质上称"喜马拉雅运动"。那时，印巴地块向北移动而和亚洲地块相撞，使这一区域逐渐隆起，终于成了世界上最高的山脉。

44. 喜马拉雅山还在升高吗？

自6500万年前以来的新生代，随着印度古陆与欧亚大陆碰撞挤压，古地中海东部和喜马拉雅海逐渐封闭，喜马拉雅山的雏形开始出现。在5000万年前的新生代早期，喜马拉雅山主体的北部仍有残留的浅海，到了3750万年前，由于著名的喜马拉雅造山运动，喜马拉雅山地区的海水全部退出，从而结束了它那漫长的海洋历史。其后，喜马拉雅山主体上升为陆地，推测当时喜马拉雅山主体的海拔高度在2500米左右。在最近的300万年中，喜马拉雅山迅速上升，总计上升了约3000米，平均每一万年上升10米。而最近的一万年来，它却上升了500米，即一年上升5厘米，至今它还在以不易被人觉察的速度缓慢上升呢！

45. 喜马拉雅山会长到多高？

经过科学家的预测，喜马拉雅山目前每年约升高1厘米左右，10万年之后，它的主峰珠穆朗玛峰将突破10000米大关！那么，喜马拉雅山会不会无限制地长高呢？

经验告诉我们，如果用一块块白嫩的豆腐来玩"叠罗汉"的游戏，不消几下，最底下的一块必定会放下它的"豆腐架子"，变成一堆毫无形状的"豆腐泥"，因为上面豆腐的重量大大超过了底下豆腐的承受能力，它只得坍塌如泥了。一些科学家认为，上述情形对地球上的山脉也完全适用，他们通过计算得知，地球上的高山极限约为10000米，喜马拉雅山绝不可能突破万米大关。那么，喜马拉雅山究竟能长到多高呢？到底能不能突破10000米？看来只有时间是最好的证明了。

46. 西湖是怎样形成的？

"上有天堂，下有苏杭"，而杭州最美丽的地方是西湖。当你漫步在西湖的苏堤和白堤，你可会想到最早的西湖不是湖，而是一个浅海湾。说到这儿，你会感到吃惊，这儿不是离海还远着吗？原来，在历史上，杭州曾是个浅海湾，这种说法已从地质钻探资料中得到证明。距今大约8000年以前的杭州除了山岭以外，其他地方被水淹没。海水在不断冲刷这海岸的岩石和沉积物，这样长期的作用使得岩石被打碎，最后变成了沙砾和泥沙。这些泥沙在海洋动力和沉积作用下，变成沉积物沉积在海湾中，逐渐淤积，经过漫长的历史时期使海湾逐渐变浅。再加上陆地上的河流带来的大量泥沙沉积在河口处，使海湾日益变小变浅，浅湾口的两侧形成两个沙嘴并慢慢闭合，从而演化成现在的西湖。

47. 恐龙的灭绝与行星撞击有关吗？

几千万年以前，恐龙曾经在地球上不可一世，但后来却销声匿迹，这到底是什么原因呢？

人们认为，这肯定与地球的突然变化有关，其中有一种观点就是阿尔瓦雷斯父子所提出的行星撞击地球学

恐龙灭绝之谜

说:在大约 6500 万年前的那场惊天动地的爆炸中,小行星本身被炸成碎片,一部分地球岩石也化成了灰烬,化成灰烬的岩石重量相当于小行星重量的 100 倍;大量的尘埃随爆炸气浪升入了高空,整整好几年挡住了阳光,使地球整日处于黑暗之中,植物枯死了,海洋浮游生物大批死亡,不可一世的恐龙也灭绝了。后来,科学家在中美洲尤卡坦半岛以北的墨西哥湾 200 米水下发现了一个直径为 60 千米的陨石坑,这似乎证实了自白垩纪末期庞然大物恐龙的灭绝与天外小行星撞击地球事件有密切联系的推测。

48. 地球上有多少陨石坑?

地球上被陨石撞击留下的坑有许许多多,如美国的亚利桑那盆地就是一个陨石坑。可是你知道地球上到底有多少陨石坑吗?

地球上保存完好的大陨石坑有 13 个,它们的形状都和太平洋盆地十分相似。支持陨石撞击说的学者在 2.45 亿年前的地球沉积物中,还发现了一些"天外来客"——陨石留下的微量元素异常。它告诉人们,当时地球上大多数生物种类灭绝了,地球自转有明显加快的迹象,地球的气候突然变暖,而且海水又大量地损失。地球上原来的陆地是一个整体。自从陨星撞击地球以后,联合古陆就破裂了,并逐步分裂漂移开来,结果就形成了今天的欧亚、美洲、非洲、大洋洲、南极洲等大陆。与此同时,地球上的四大洋也在大陆之间"横空出世"了。

49. 世界唯一地跨两洲的大城市是哪一座?

世界上有不少国家跨越两个大洲,如俄罗斯、巴拿马、埃及、印尼、土耳其等皆是。而地跨两个大洲的城市,却极为罕见,全世界仅有一处,这就是土耳其共和国的第一大城市伊斯坦布尔。

伊斯坦布尔在土耳其共和国西北部,位于巴尔干半岛东南端,全市面积5220平方千米,人口约1200万。它的一半在亚洲的小亚细亚半岛上,另一半却在欧洲的巴尔干,中间是联系黑海和马尔马拉海的博斯普鲁斯海峡,把该城"一分为二"。城西的欧洲部分称伊斯坦布尔,城东的亚洲部分叫于斯屈达尔,城市东西一水相隔,两边却同为一城,它是黑海通往地中海的唯一门户。黑海的船只只有通过博斯普鲁斯海峡和它南端的达达尼尔海峡,才能进入地中海并通向印度洋和大西洋。

50. 伊斯坦布尔为什么被称为"千年古都"?

"伊斯坦布尔",在古希腊语里是"我进城去"的意思。伊城建都超过千年以上,因而有"千年古都"之称。一千多年的都城历史,给伊斯坦布尔这座城市留下了丰富多彩的文物古迹。远在罗马帝国时期以及拜占庭帝国时代,就在这里修建了30余座宏伟的宫殿和教堂,其他建筑不下4000座。数百年前,这里的清真寺林立,目前仍然完好的有400余座。建于19世纪以后的苏丹王宫精美绝伦,成为古城的一大景观。

伊斯坦布尔不仅是一座千年古都,也是一座现代化的大都市,城内鳞次栉比的高楼大厦,川流不息的各种车辆,五光十色的都市夜景,与那些精美的古老的建筑相映成趣。随着国际交往的日益密切,这座地跨两洲的古城也越来越发挥出它的重要作用。

51. 为什么称荷兰为"低洼之国"?

荷兰因为风车和盛产郁金香而闻名于世,但是,你知道吗?荷兰还是世界上最低的国家呢。

说荷兰地势最低,一点也不夸张。它的全国面积为41526平方千米,大部分都为低洼地,三分之一的土地海拔不到1米,四分之一的土地低于海平面,首都阿姆斯特丹以西哈勒姆附近的有些地方,平均低于海平面4米,比最高的高潮面低8米。全国人口的60%集中居住在西部地带。为防止水淹,必须修筑堤坝,并利用风车不断地排除地面积水。由于全国的低洼地带随处都可见到这种靠常年不断的西风来推动的风车,所以风车就成为荷兰风景的标志。直到近几十年来,才用抽水机代替了它。荷兰的最高地方是国土的东南角,海拔也不过300米,为全国的"屋脊"。国内的主要河流,河床一般都比地面高,像我国的黄河那样,成为"悬河",在洪水时期,水位高出堤外地面数米,河里的船舶比屋顶还要高呢!

52. 荷兰的国土地势为什么如此低洼?

荷兰地势低洼是地壳发生运动的结果。荷兰西面靠着北海的南部。北海南部本来为一片陆地,在地球最近的历史时期第四纪,这里的地壳发生运动,地面向下沉降。又由于气候转暖,使冻结的冰川大量溶化,海平面上升,淹没了这块陆地,成了大海的一部分。而荷兰的国土当时正处在这个下沉的范围内,为什么没有被海水淹没呢?这是由于荷兰人民用筑堤拦海等办法,阻挡了海水的入侵,用填海造田的办法,夺回了一部分被水淹没了的土地。

荷兰海堤示意图

53. 荷兰是"人造出来"的吗?

据说,宇航员在月球上回望地球,所能看到的地面人工建筑物只有两件,一件是宏伟的中国万里长城,另一件就是浩大的荷兰围海造田。为此,荷兰人还有句自豪的谚语:"上帝造世界,荷兰人造荷兰。"上帝当然造不了世界,荷兰人却用自己勤劳的双手,从大海中开发出了7100多平方千米的"处女地"。荷兰人真正"造出了荷兰"。

荷兰西、北两面与北海相连,由于国土的地势低洼,海水的入侵成为荷兰世代人民的"冤家"。千百年以来,荷兰人民为了生存,长期与大海搏斗,创造了人类史上围海造田的辉煌业绩。他们为把面积达3500平方千米的须德海改造为陆地,使沧海变成桑田,在北海与须德海之间,人工修筑了长30千米的拦海大堤——巴里尔拦海大坝,然后抽泄海水,进行人工造田和各项建设规划。这项浩大的筑堤工程从1920年开始,于1932年竣工,工程之巨,史无前例。现在荷兰全国的土地面积约有四分之一是近800多年来填海得到的。

54. 芬兰为什么称为"千湖国"?

东南亚的印度尼西亚有"千岛之国"的美称,与之相媲美的是有"千湖之国"称号的北欧国家芬兰。芬兰靠近北极圈,几十万年以前,芬兰被冰层封冻着。这些封冻的冰层运动使得地面变得凹凸不平。此外,巨大冰层本身沉重的压力,还会使地面下陷,冰层越厚,地面下陷就越深。大约距今一万年左右,这里的气候逐渐转暖了,覆盖在地面上的冰层开始慢慢溶化。冰雪全部消融后,一部分水充盈了这些低洼地,一部分流进了江河中,每年的降水又在不断地补充着这些低洼地方所蒸发掉的水分,因此,宛如繁星似的湖泊就在芬兰这个地方出现了。

芬兰是世界上湖泊最多的国家。它自称的名字"索密",就是湖泊、沼泽的意思。据统计,芬兰境内有大小湖泊达6万多个。称芬兰为"千湖国"还真有点亏待了它呢!

55. 地球上最深的地方在哪里?

海洋中最深的地方莫过于海沟,位于太平洋中西部马里亚纳群岛东侧的马里亚纳海沟是一条最深的海沟,也是地球上最深的地方。它南北延伸2550千米,宽度为70千米,大部分地方在8000米以上的深海之中,以近乎

壁立的陡崖,切入大洋的底部,又像一段弧形的弓,深深嵌在马里亚纳群岛东侧的地壳之中。马里亚纳海沟是太平洋板块西行俯冲时所深陷的一条沟槽,迄今已有6000万年的历史。

1957年8月18日,苏联曾经派出一艘叫作"斐查兹"的海洋考察船,使用超声波探测仪,对这条海沟进行探测,发现位于北纬11度20.9分、东经142度11.5分的地方深度最大,为11034米,这里就是迄今已知的全世界海洋中最深的地方。如果把珠穆朗玛峰放在里面,它的顶峰离海面还相差2000多米。根据用发现船只命名的惯例,这条海渊就被称作"斐查兹"海渊。

56. 马里亚纳海沟里有生物吗?

在海洋最深处的马里亚纳海沟,生物能不能生存?1960年1月23日,瑞士海洋工程专家雅克·皮卡儿和他的助手——美国海军上尉沃尔什,乘坐"特里斯特"号深海探测器,进行首次载人深潜。由于这是人类第一次潜入地球最深的地方,因而成为世界海洋史上空前的壮举。

由于海水深度每增加10米,就要增大1个压力,到达海沟底部,海水压力可达到1100个大气压左右。因此,这是一次被人们视为出生入死的冒险活动,两位科学家也做好了九死一生的准备,随时为科学而献身。

他们乘坐有着12厘米厚保护壳的硬壁潜水舱,经过小心翼翼地长时间的潜行,终于闯入了万米以下,经受住了1100多个大气压力的威胁,成功地潜到了地球上的最深点——斐查兹海渊的底部,然后又安全返回了水面。当这两位科学家下潜到水下240米的时候,水中就已漆黑一团。在9500米深的地方,他们凭借探照灯照耀,发现了在潜水舱外清澈的海水里,仍有水母游动。更令人惊奇的是,在万米以下的水中,竟还有2厘米～3厘米长的红虾生存。深潜器着底之后,他们还亲眼看到一些奇形怪状的鱼虾悠然自得地遨游其中。

57. 世界上最大的海湾在哪里?

世界上最大的海湾是南亚的孟加拉湾,它位于印度半岛、中南半岛、安达曼半岛、尼科巴群岛之间,南部以斯里兰卡岛南端至苏门答腊岛西北角连线(相距1608千米)与印度洋为界。海湾面积为217.2万平方千米,容积为561.6万立方千米。平均深度为2586米,由北向南逐渐加深,最大深度为5285米。海湾大陆架以北部和东部较宽。海底发育有大型孟加拉深海扇,它从恒河—布拉马普特拉河三角洲基部开始,向南延伸到斯里兰卡以南约5000米的锡兰深海平原,长达2000余千米,面积达200万平方千米。孟加拉湾是太平洋和印度洋之间的重要海上通道。主要港口有印度的加尔各答、马得拉斯和孟加拉的吉大港等。

58. 墨西哥湾是世界第二大海湾吗？

墨西哥湾是世界第二大海湾。它是大西洋伸入北美大陆东南部的海湾，几乎被美国、墨西哥和古巴所环抱。古巴岛扼守湾口中部，其北侧的佛罗里达海峡与西侧的尤卡坦海峡分别沟通大西洋和加勒比海。

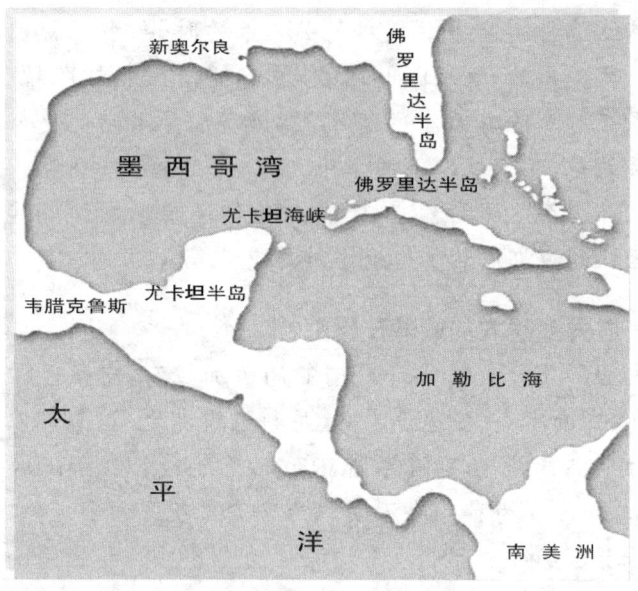

墨西哥湾

墨西哥湾略呈椭圆形，东西长1609千米，南北宽1287千米，最深处锡格斯比深渊为5023米，面积为154.3万平方千米，容积为233.2万立方千米。四周有密西西比河和格兰德河等大小河流注入。墨西哥湾海岸线长达

1828千米,沿岸皆为低平的砂质海岸,而且还有很多沼泽、潟湖。海水由尤卡坦海峡流入,再经佛罗里达海峡流出,成为佛罗里达暖流,继而成为著名的墨西哥湾暖流。海湾陆架盛产石油,鱼类资源丰富。主要港口有美国的新奥尔良、墨西哥的韦拉克鲁斯和古巴的哈瓦那等。

59. 几内亚湾是世界第几大湾?

几内亚湾位于赤道非洲西海岸外的大西洋沿岸,是世界第三大海湾。东西长1390千米,南北宽500千米,面积为353.3万平方千米。东北部尼日尔河三角洲东西两侧又分别称"邦尼湾"和"贝宁湾"。海岸地势低平,多浅滩、潟湖和红树林,缺少天然良港。东部海域分布着一列由比奥科岛、普林西比岛和圣多美岛等组成的火山岛弧。15世纪欧洲殖民者入侵后,成为西非和美洲间的贸易通道,沿海是掠夺胡椒、黄金、象牙及贩运奴隶的重要基地,随之不同岸段则有"奴隶海岸"、"黄金海岸"、"象牙海岸"和"胡椒海岸"之称。

60. 阿拉斯加湾在哪里?

阿拉斯加湾是世界第四大湾,位于美国阿拉斯加之南,介于阿拉斯加半岛与亚历山大群岛之间,为北太平洋自然条件较好的海湾之一。它的沿岸分布着安克雷奇、西厄德、瓦尔德兹和科尔多瓦等良港。湾内最大的岛屿是科迪亚克岛。阿拉斯加湾是美国宣布战时必须要控制的16个海上航道咽喉点中的第一个。此外,阿拉斯加湾还是世界著名的三大渔场之一,在捕鱼的季节里,每年都会有很多渔船不远万里赶到这里,吸引他们的正是这里丰富的渔业资源。

61. 关塔那摩湾归谁管？

　　关塔那摩湾位于古巴东南岸，是一个天然良湾。港湾呈葫芦形，长20千米，最宽处8千米，入口朝南，有3千米宽。港口航道宽阔，可同时进出6艘军舰。1898年，美国假借援助古巴独立为名占领了关塔那摩，并于1903年2月23日与古巴签订了条约，以年租金2000枚金币（约合4000美元）的价格向古巴租借了关塔那摩湾和周围的部分陆地，面积达117平方千米，其中港湾水域70平方千米，沿岸陆地47平方千米。美国海军在此建立了一个海军基地。

　　目前，美国将关塔那摩港池的南半部和入口处以南3海里的水域划为美军管辖区，禁止古巴及其他国家的军舰通过。商船虽可经此出入港口，但不准在该水域内锚泊。一直以来，古巴曾多次表示要收回关塔那摩基地，但均遭美国拒绝。

62. 金兰湾有什么战略价值？

　　金兰湾位于越南南部，是越南对外联系的门户之一，也是世界著名的天然良港。其东北距巴士海峡约850海里，西南距马六甲海峡约740海里，正好扼控着两洋通道，因此，金兰湾具有重要的战略价值。

　　金兰湾分内外港两部分。内港四周环山，南宽北窄，长32千米，宽16千米。港门朝东，荤兰角、梅梭角紧束航道，宽1300米，水深20米，大型舰船可随时出入。内港可容纳万吨级以下舰船百余艘。外港在内港东面，水域宽阔,面积比内港稍小。出入口称大海口,宽400米。港内水深一般为10米～30米,可供大型船舶停泊的锚地有多处,是南中国海不多的几处深水良港。

63. 波斯湾为什么称为"地下油海"?

如果在电视、报纸等新闻媒介上提到"海湾"这个名词,人们会很自然地想到印度洋西北角里的波斯湾。原因也很简单,这片大地和海洋的下面储藏着全世界将近一半的"黑色金子"——石油。

波斯湾的海水里盛产鱼类、珍珠等,但最受世人关注的还是石油和天然气。这个地区探明的石油储量有490亿吨,而且蕴藏集中,非常有利于开采,许多大油田的储量都在6000万吨以上。波斯湾的脚下犹如一片"油海",为此赢得了"世界石油宝库"的美称。波斯湾沿岸的伊朗、伊拉克、科威特、沙特阿拉伯、巴林、卡塔尔、阿联酋等国家,个个都是石油巨富。这些国家每年开采的石油占世界总产量的三分之一,其中的70%要输出到西方发达国家,所以说,这里的石油已经是西方国家的命根子。说波斯湾是"地下油海"真是恰如其分。

64. 世界上最长的海峡是哪一个?

我们中国有三大海峡:渤海海峡、琼州海峡和台湾海峡,其中最大的台湾海峡长约370千米,平均宽度约200千米。然而,与世界最大的海峡——莫桑比克海峡相比,它们就排不上号了。那么,莫桑比克海峡到底有多长呢?

莫桑比克海峡位于非洲大陆东岸莫桑比克与马达加斯加岛之间,全长1670千米,比我国的台湾海峡要长3

倍还多。莫桑比克海峡又是一个十分宽阔的海峡,平均宽度有 450 千米,中部最窄的地方也有 386 千米,北端最宽,达到 960 千米。而在海峡的南端,海水最深处有 4316 米,平均水深也有 3000 米。莫桑比克海峡的地理位置非常重要,它沟通着南大西洋和印度洋。随着经济的发展,油轮的吨位越来越大,莫桑比克海峡以其宽广的水道又重新受到青睐,逐渐成为世界上最繁忙的航道之一。每年通过海峡的船只达 25000 艘。中东海湾地区的许多石油都是经这里去西欧和美国的。

65. 曼德海峡为什么被称为"水上走廊"?

曼德海峡长 18 千米,宽 25 千米~32 千米,平均水深 150 米。海峡位于亚洲阿拉伯半岛西南端与非洲大陆之间,呈西北—东南走向,向南经亚丁湾通印度洋,向北过红海出苏伊士运河可达地中海。曼德海峡是连接亚、非、欧三大洲的"水上走廊",是太平洋、印度洋、大西洋三大洋的交通孔道,具有极其重要的经济意义和战略意义。

过曼德海峡的航线是世界上最重要、最繁忙的航线之一,每年通过这里的船只在 3 万艘以上,欧亚两洲之间的海运货物,有 80%要经过这里。在曼德海峡之南的亚丁湾两侧,有两个驰名世界的海港:北岸的亚丁港和南岸的吉布提港,仿佛两只眼睛,紧紧盯着曼德海峡的进出口,是控制印度洋进入曼德海峡的"门闩"。

66. 为什么霍尔木兹海峡是西方"生命线上的咽喉"?

霍尔木兹海峡位于波斯湾入口处,北边是伊朗,南边是阿曼。公元 1100 年,阿拉伯人在海峡沿岸建立了霍尔木兹王国,海峡因此得名。海峡东西长150千米,南北宽64千米~90千米,最大水深219米,最浅水深10米。该海峡是出入海湾各港口的商船必经之路。西方国家所需的石油有五分之一要经过这个海峡。所以,如果把海湾地区石油向欧美运输的航线比作西方的"生命线"的话,那霍尔木兹海峡就应该被喻为西方的"生命线上的咽喉"。

67. 为什么马六甲海峡有"东方十字路口"之称?

马六甲海峡,位于亚洲东南部的马来半岛和印度尼西亚的苏门答腊岛之间,呈西北—东南走向,西口宽东口窄,似喇叭状,是连接中国的南海和安达曼海的一条狭长水道,因临近马来半岛的古代名城马六甲而得名。海峡长1000多千米,最窄处约40千米,最宽处达370千米,主要水道在靠近马来西亚一侧,水深25米~113米,自东南向西北逐渐加深,西口最深达200余米。

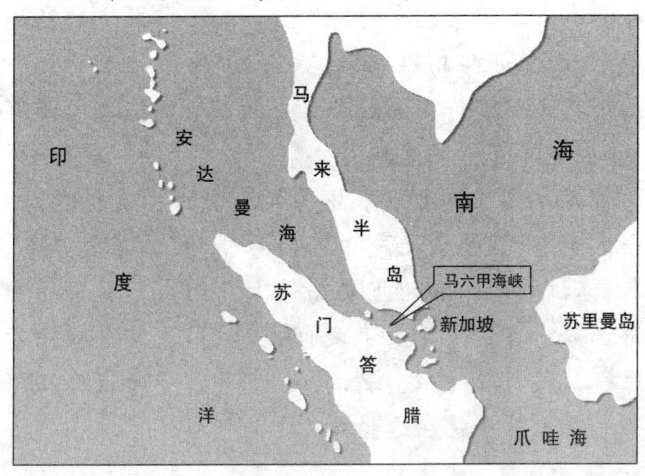

马六甲海峡是沟通太平洋与印度洋的"咽喉",是连接亚、非、欧及大洋洲的交通要冲,战略地位重要,素有"东方十字路口"和"东方的直布罗陀"之称。加之海峡处在赤道无风带内,平时风平浪静,海流缓慢,很适宜航行,自古以来就是欧洲、非洲、中东和印度次大陆到东亚的一条主要海运通道,通航历史已有2000多年。随着世界经贸和航运事业的发展,近年来平均每天有200余艘船只穿梭来往,每年通过这条海峡的船只约有4万艘,成为世界上最繁忙的海峡之一,被誉为"黄金水道"。这里也是波斯湾石油运往世界各地的三条主要通道之一,被西方国家视为"海上生命线"。

68. 千岛国中有多少海峡?

位于亚洲东南部,地跨赤道线的"千岛之国"印度尼西亚,接受这样的赞誉是既自豪又委屈。自豪的是全世界都承认它的岛屿众多,堪称世界之最;委屈的是"千岛"实在没有表现够它拥有的岛屿数。其实归属它的岛屿何止千个,加上那些岛礁、珊瑚礁岛,印度尼西亚的大小岛屿足足有17508个之多。就在这上万个岛屿之间还有着900多条宽窄不等的海峡。

印度尼西亚这上万个岛屿加起来的总面积达到190万平方千米,不过主要是由苏门答腊岛、加里曼丹岛、爪哇岛、苏拉威西岛和伊里安岛等大岛组成。其余的中小岛群都分布在这几个大岛之间或外围,使整个群岛看上去像一片被打碎的"玻璃",又被"踢"了一脚似的,那900多条海峡当然也就在这些群岛之间形成了。

69. 朝鲜海峡与对马海峡是同一海峡吗?

从广义上讲,朝鲜半岛南岸和日本九州岛北岸之间均属朝鲜海峡。它的东北方通向日本海,西南口连接东海,宽约180千米,水深210米,渔业资源丰富。海峡中的对马岛将水域分割成东西两条水道:朝鲜半岛和对马岛之间的海峡,即狭义的"朝鲜海峡",宽约50千米;对马岛以东至壹岐岛之间的海峡称为"对马海峡",长约400千米,最窄处约45千米,最深处129米。因此,准确地说,对马海峡实际上是朝鲜海峡中的一条水道而已。

70. 麦哲伦海峡在哪里?

麦哲伦海峡是位于南美洲大陆南端与火地岛等岛屿之间的弯曲狭窄的海上水道,长约590千米,最窄处3.2千米,是沟通太平洋与大西洋的重要海上通道。西南部有许多小岛。东端峡口起自大西洋沿岸阿根廷的维尔赫内斯角与圣埃斯皮里图角,西至智利境内的德索拉西翁岛皮勒角进入太平洋。两岸多港湾,著名港口蓬塔阿雷纳斯位于智利南极区属的不伦克半岛,为智利羊肉的集运港。因葡萄牙航海家麦哲伦在西班牙政府支持下,于1520年10月21日至11月28日首先通过此海峡进入太平洋,故命名为"麦哲伦海峡"。

71. 麦哲伦海峡的发现有什么历史意义?

从南大西洋和太平洋之间往来航行的话,都要绕道南美洲大陆最南端的合恩角才行。然而,这一带海岸全是峭壁怪石,嶙峋悬崖。从南美大陆上冲下来的急流,在太平洋上"造"出了许多几百米高的冲积堆。洋面上还漂浮着来自南极的巨大冰山。还有，终年的大雾、暴雨和冰雹，黑暗混沌，使合恩角成了"航船的坟墓"，仅仅几百年的时间，那里就沉没了上千艘船只，2万多人葬身鱼腹。

到了1520年，意气风发的麦哲伦率领船队来到南美的阿根廷南岸时，从当地土著的印第安人那里了解到绕过合恩角是何等危险。因此，麦哲伦决心寻找一条新航道。他毅然拒绝了许多人的建议，不再绕行合恩角，率领船队沿着海岸南行。到了南纬52度的地方，他们发现了一个宽阔的海峡口。麦哲伦便命令船队驶入峡口，但不久航路就变得复杂起来。水路弯弯曲曲，时窄时宽。礁石岛屿遍布海峡，峡岸两壁陡峻，接连不断的峡湾岬角，都给航行造成了困难。

尽管困难重重，但麦哲伦意志坚定。经过38天的艰苦航行，船队终于走出了海峡的西口，来到了浩瀚的太平洋海域，沟通太平洋和南大西洋的捷径终于被发现了，麦哲伦的名字也理所当然地和这个海峡连在了一起。穿行麦哲伦海峡比绕道合恩角有巨大的优势,不仅安全得多,而且可以将太平洋与大西洋之间的航程缩短了上千千米。虽然麦哲伦海峡的历史功绩从1920年巴拿马运河通航以后便告结束了,但历史将牢记麦哲伦海峡对人类的贡献。

72. 哈得孙海峡在哪里?

哈得孙海峡是北冰洋南部边缘的海峡,位于加拿大东北部巴芬岛与拉布拉多半岛之间,走向呈西北—东南,是世界上较大的海峡之一。它长约800千米,一般宽115千米~240千米,最窄处95千米,一般水深200米~600米,最小深度为122米,最大深度为704米。海峡东口正处在北冰洋与大西洋分界线的西端,出峡口即进入北冰洋和大西洋。出海峡西口,向北经福克斯海峡进入福克斯湾,再经布西亚湾和加拿大北极群岛诸海峡与北冰洋沟通,向西南则进入哈得孙湾。它一年中约有8个月覆盖浮冰。主要港口有伯韦尔港。

73. 格陵兰—冰岛—联合王国海峡在哪里?

格陵兰—冰岛—联合王国海峡名字可是够长的,它是指格陵兰和冰岛之间的丹麦海峡和冰岛与不列颠群岛之间的广阔水域。该海峡北通北冰洋,南连北大西洋。东格陵兰的寒流和大西洋的暖流均可到达这里。俄罗斯的北方舰队要想南下大西洋,必须经过这个海峡。因此,这里历来是西方国家最为关注的海上重要通道之一。

74. 渤海海峡在哪里?

渤海海峡是中国辽东、山东两个半岛之间的海峡,是中国第二大海峡。它位于中国内海,是沟通黄海和渤海的唯一通道。它南北宽105.6千米,最大深度为80米。庙岛列岛纵列其间,海峡的北端距离辽东半岛南端老铁山角40

千米,南端距山东半岛北端蓬莱角7千米。海峡北部的老铁山水道是黄海海水进入渤海的主要通道,因水深流急而冲刷成一个"U"字形深槽,这里也是海峡的最深处。深槽末端形成指状沙脊,通称为"辽东浅滩",是典型的潮流三角洲。海峡中部和南部的岛屿间的各个水道,是渤海海水流入黄海的主要通道。自北而南依次为隍城水道、大钦水道、小钦水道、北砣矶水道、南砣矶水道、高山水道、猴矶水道、长山水道和庙岛海峡(登州水道)。它们的水深有一个比较有趣的特点,就是北深(约40米)南浅(约20米)。

75. 美国和俄罗斯的分界线在哪里?

美国和俄罗斯是世界上两个"巨无霸",尽管它们在世界政治舞台上经常你争我夺、勾心斗角,但是它们在海域上的分界却是"井水不犯河水"的。

美国和俄罗斯的海上分界线在北太平洋的白令海峡。海峡中央的米德群岛被两国的分界线一分为二,东部属美国,西部属俄罗斯。亚洲和北美洲,以及国际日期变更线也通过海峡中央。海峡最窄处约宽45海里,最大水深70米,最小水深42米,泥沙底。10月至第二年6月为结冰期,水面舰艇通航期一般只在7月中旬至10月初。

76. 巴拿马运河有多长?

巴拿马运河是沟通太平洋和大西洋的国际通航水道,位于巴拿马共和国的中部,从连接北美与南美大陆的巴拿马地峡最窄处通过。它全长81千米,宽150米～304米,平均水深12.4米。整个运河的水位高出两大洋26米,设有6座船闸。每年通过运河的船舶有15000多艘,年收益3亿多美元。运河开凿于1881年,历尽周折,最后于1914年完工,耗资18亿法郎。长期以来,运河和运河区受美国控制。美国把运河区变成了"国中之国",运河区实行美国法律。美国在运河区驻军一万多,并建有各种军事基地和设施。为了收复运河,巴拿马人民进行了长期斗争,迫使美国于1977年与巴拿马签订了新的条约,根据这一条约,1999年12月31日,巴拿马政府从美国政府手中收回了整个运河的控制权。

77. 苏伊士运河在哪里?

苏伊士运河位于埃及东北部,北起塞得港,南至陶菲克港,总长173千米,河面宽约365米,最大水深16.5米,目前可通过 15 万吨级满载油轮或 37 万吨级空载油轮。

苏伊士运河

苏伊士运河兴建于 1859 年,历时 10 年,于 1869 年正式通航。此后运河长期为英法等国控制。1956 年埃及政府将运河收归国有,并派军队进驻运河区。英法等国随即出兵发动了侵埃战争。后在美国、苏联等国的干预下实现了停火。但运河直到 1957 年才复航。1967 年因中东"6 天战争",运河再次停航达 8 年之久,直到 1975 年才重新复航。

苏伊士运河地处亚、非、欧三洲交通要冲,是印度洋和北大西洋间的海上捷径,比绕道好望角,缩短航程三四千海里,而且要安全得多。舰艇通过运河平均只需要 15 小时。目前,苏伊士运河的货运量日益增长,已达到年运量 3 亿吨以上。

78. 什么是半岛?

在日常生活中,特别在读书看报、看新闻时经常能听到"某某半岛"之类的说法。你能准确地说出什么是半岛,世界上到底有多少个半岛吗?

半岛是指伸入海洋或湖泊中的陆地。它的构成形式一般是三面临水,一面同大陆相连。定义虽然有了,但在具体划分半岛时并不太容易操作,所以就连科学家们也很难准确地说出世界上到底有多少个半岛,不过从分布情况看,世界上主要的半岛都在大陆的边缘地带。

79. 世界上最大的半岛是哪一个?

亚洲西南部的阿拉伯半岛是世界上最大的半岛。它北起亚喀巴湾的阿拉伯河口一线,东临波斯湾和阿曼湾,南濒阿拉伯海和亚丁海,西靠窄而长的红海。半岛南北长约2240千米,东西宽1200千米~1900千米,面积达322万平方千米,人口约1600万,主要为阿拉伯人。这里也是阿拉伯人的故乡,全世界亿万穆斯林朝拜的"圣地"麦加就在阿拉伯半岛的东部。

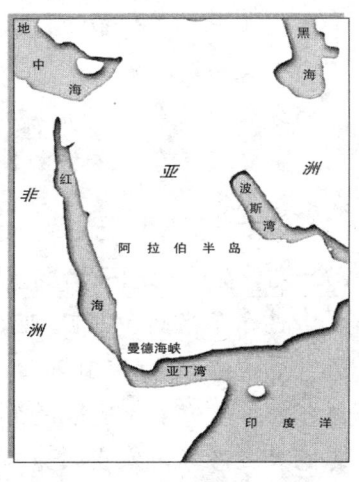

阿拉伯半岛示意图

半岛大致为长方形,呈西北—东南走向,地势由西南向东北倾斜,地形基本为高原,海拔在300米~2000米之间。在红海沿岸与波斯湾沿岸的狭长地区有沿海平原,中南部广大地区是阿拉伯大沙漠,气候炎热干旱,没有固定河流,有的只是一些干涸的河谷。虽然如此,半岛地下却蕴藏着丰富的石油。到目前为止,半岛地区已探明的石油储量为573亿吨,占世界石油总储量的57%。沿岸国家均以盛产石油著称,成为著名的"石油之国"。

80. 巴尔干半岛在哪里?

巴尔干半岛是南欧三大半岛之一,位于黑海、马尔马拉海、爱琴海、爱奥尼亚海和亚得里亚海五海之间,北部以多瑙河及其支流萨瓦河为界,与欧洲大陆相接处十分宽阔,没有高山阻隔,交通便利,半岛总面积约50万平方千米。在半岛上有保加利亚、阿尔巴尼亚、希腊和马其顿四国以及南斯拉夫的大部分领土和罗马尼亚、土耳其的一部分领土。半岛的海岸曲折,海岸线长达9300多千米。主要城市有贝尔格莱德、索菲亚、雅典、伊斯坦布尔和地拉那等。

81. 为什么说巴尔干半岛是"欧洲的火药库"?

巴尔干半岛位居欧、亚、非三洲的交通要冲,是欧洲通过地中海,经红海到印度洋和太平洋的门户。东部的博斯普鲁斯海峡和达达尼尔海峡又是独联体南部国家和其他黑海沿岸国家出入地中海的必经之路。1973年,横跨两海峡的大桥建成以后,欧亚之间的交通就更为方便。因此,巴尔干半岛具有非常重要的战略地位。

早在14世纪—19世纪,以土耳其人为主体的奥斯曼帝国统治巴尔干半岛长达500余年。土耳其人被迫退出后,半岛就变成了沙皇俄国、英国和德国等列强国家争夺的场所。1914年,以奥地利皇太子斐迪南在萨拉热窝被暗杀为导火线,爆发了第一次世界大战。在第二次世界大战中,巴尔干又成为德意法西斯与英法之间的争夺目标。频繁的战火,不屈的抗争,使半岛成为"欧洲的火药库"。近年,位于半岛上的南斯拉夫的波黑地区、科索沃地区,由于长期的民族矛盾等政治原因,致使内战不断升级,民族危机日益加深。1999年,以美国为首的北约悍然对南斯拉夫联盟进行了长达50多天的导弹攻击,美国还轰炸了我国的驻南联盟大使馆,对中国人民犯下了滔天罪行。

82. "好望角"这个名字是如何来的?

好望角是非洲大陆西南端的一个岬角,长4.8千米,西南面是大西洋,东面是福尔斯湾,北距非洲南部的重要港口开普敦52千米。为什么要把这里叫作"好望角"?这还真有点来历呢。

1488年,葡萄牙国王约翰二世委派航海家迪亚士去寻找由欧洲通往印度的海上航路。迪亚士率领的舰队在经过非洲最南端的海域时,发现了好望角。当时,海面上刮着狂暴的西风,海浪滔天,船只无法航行,迪亚士和船员们就把这里称为"风暴角"。当他率船队回到里斯本,向国王禀报航行经过时,约翰二世认为,只要绕过这个狂风巨浪的海角,就有希望到达美丽富饶的东方,因此将"风暴角"改为"好望角"。现在,我们终于知道了原来"好望角"这个名字还是"御赐"的呢。

83. 为什么称好望角为"海上生命线"?

在苏伊士运河没有开通以前,从欧洲到亚洲的船只都要绕过好望角,这里是欧洲到亚洲航运的必经之地。苏伊士运河通航后,这条航线仍起重要作用,特别是从波斯湾驶往西欧和美洲的巨型油轮,无法通过苏伊士运河和巴拿马运河,还必须绕道这里。据统计,每年约有6000艘船只经过好望角。由于这条航线是一些超级船舶的必经之路,因此,好望角在国际航运中仍具有十分重要的地位,西方国家称其为"海上生命线"。

84. 海参崴与符拉迪沃斯托克是同一个地方吗?

符拉迪沃斯托克位于穆尔斯基半岛南端,原属中国,名为海参崴。1860年,俄国以武力侵占了该地,并于同年与清政府签订了不平等条约《北京条约》。清政府被迫将包括海参崴在内的大片中国领土割让给了俄国。此后,帝俄将海参崴改名为符拉迪沃斯托克,俄语意为"控制东方"。

符拉迪沃斯托克是俄罗斯海军太平洋舰队最大的基地,太平洋舰队司令部就设在这里。符拉迪沃斯托克港位于金角湾内,自然条件良好,三面环山,十分隐蔽。该港口设备完善,现代化程度较高,建有码头17座,其中6座可停靠万吨级军舰,港内可停泊包括航空母舰在内的大型舰艇100多艘。据报道,为提高战备能力,这个基地与俄罗斯岛之间还修建了数条海底隧道。

海洋地理

世界海岛览胜

85. 什么是海岛?

细心的同学们在看世界地图时,都会注意到在地图上的各大陆周围和海洋里有许多的小块陆地,它们就是

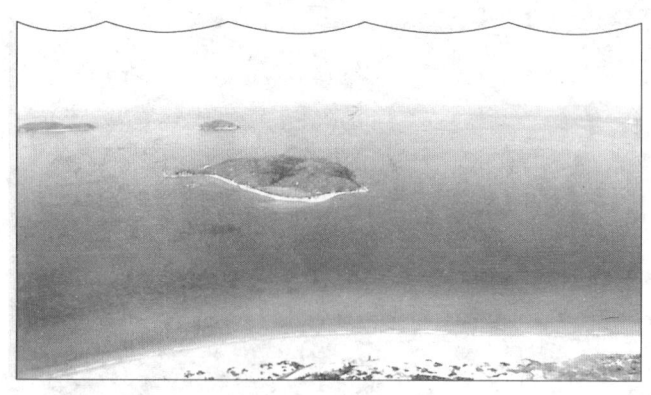

岛屿

岛屿。实际上,从严格意义上讲,岛屿是分散在海洋、湖泊、江河中被水体全部包围的小块陆地。而海岛的准确定义就是在大海或大洋中的岛屿。你能说出全世界海岛的总面积有多少吗?经过科学家统计,约为997万平方千米,占陆地总面积的7%左右。

86. 海岛有什么功能?

别看海岛虽然只占陆地面积的7%左右,可它的功能和作用可不少。海岛是地球上自然生态环境中重要的一环,特别是一些远离大陆、在大洋中的海岛,上面生活了许多独特的动植物,为人们研究生物演化、生态环境变化提供了极好的资料。同时,海岛对人类的生活也具有很重要的意义。海岛可以提供丰富的生物、矿产资源;美

丽的海岛风光还可以给国家带来巨大的旅游收入；此外，许多海岛还扼守着重要的海上交通线，具有重要的战略地位呢。

87. 地球上有多少海岛？

在烟波浩渺的海洋中，散布着大大小小数以万计的海岛，它们就像无数块形态各异、五光十色的翡翠镶嵌在蔚蓝色的海面上。在这些海岛中，有的被一片厚厚的冰雪所覆盖，有的上面是郁郁葱葱的雨林，有的则是奇形怪状的岩石。还有的海岛甚至本身就是一座火山，终年冒着烟，还不时喷涌出炽热的岩浆。更有的海岛则在大海中时隐时现，像幽灵一样困扰着无数航海家。由于这些"幽灵岛"的存在和一些其他的原因，世界上到底有多少岛屿，恐怕谁也说不清。因为它们在大洋中星星点点的，太多了，而且还在不断地变化着，就是用电脑也很难算清。不过，科学家们根据最新的卫星遥感照片推测出的，全球海洋中有5万多个海岛。

88. 海洋中的岛屿是怎样形成的？

海洋中的岛屿有大陆岛、火山岛、珊瑚岛和冲积岛等，它们的形成原因也各有不同。

有些岛屿本来是大陆的一部分，由于地壳发生运动，在它们和大陆之间出现了断裂沉陷地带，因而变成了和大陆隔海相望的岛屿。有的是因为地球气候变暖，冰雪消融，使整个海面升高，于是大陆边缘的低凹部分就会被淹没，这时没有被淹没的那些高地、山峰就变成了岛屿。人们把这些从大陆分离出来的岛屿称为"大陆岛"。还有

火山岛

许多岛屿是海底火山喷出的熔岩和碎屑物质在海底堆积而成的。如太平洋中的夏威夷群岛,就是一群火山出露在海面上形成的,这些岛屿被称为"火山岛"。生活在温暖的海水里的珊瑚虫也是岛屿的积极建设者。珊瑚虫能不断分泌出一种石灰质物质,数以亿计的珊瑚虫分泌出的石灰质物质连同它们的遗骸一起,形成了"珊瑚岛"。此外,还有一些岛屿是在大河入海处,它们是由河水中夹带的泥沙冲积而成的,被称为冲积岛,如我国的崇明岛就是典型的例子。

89. 纵横东西、南北半球的岛国在哪里?

基里巴斯是太平洋中西部的热带海洋珊瑚环礁岛国,它风光如画,由300多个很小的环礁组成。它的陆地面积虽然只有684平方千米,却分布在500多万平方千米的辽阔海面上,主要由巴纳巴岛、吉尔伯特群岛、菲尼克斯群岛和莱恩群岛组成。其版图南北距离2000多千米,东西相隔3800多千米,是世界上地跨赤道,同时又横越国际日期变更线的国家,而且是世界上唯一纵横东西、南北半球的国家。有趣的是,从该国西部通过国际日期变更线到东部,时间要减去一天;反之,从这个国家东部通过国际日期变更线至西部,时间要加上一天。

勤劳勇敢的密克罗尼西亚人以及波利尼西亚人早在1000多年前就来到这里,成为征服太平洋的先驱者。基里巴斯的巴纳巴岛曾盛产磷酸盐,该国出口农作物为椰干,而且具有丰富的渔业资源,捕鱼业发达。

90. 什么是岛弧?

在观察世界地图时,我们会发现在太平洋的西部,众多的群岛、岛屿就像一串串明珠散落在广阔的海域。其中不少都呈弧形排列,我们把它们形象地称为"岛弧"。世界上的岛弧大多数都分布在西太平洋上,构成了环太平洋岛弧系。岛弧的特征

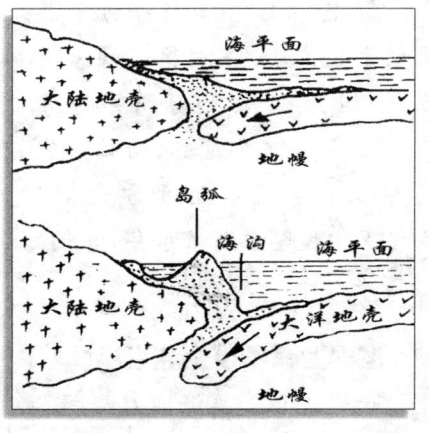

岛弧的形成

是,都伴有强烈的火山、地震活动,岛弧的大洋一侧有深海沟,世界上绝大多数上万米的海渊都在这一地区,而在大陆的一侧有边缘海,岛弧是地球上地壳构造最活跃的

地带。现代板块构造理论认为,岛弧是板块碰撞俯冲,引起板块边缘隆起的产物。

91. 世界主要的大岛有哪些?

同学们已经知道,全世界岛屿总数达5万多个。具体地讲,"岛"和"屿"的面积也是不同的。人们把小的不足1平方千米的称为"屿",把大的可达几百万平方千米的称为"岛"。它们占陆地总面积的十五分之一,比我国的领土面积还要大一些。

如果按大小顺序排列,世界上最大的10个岛分别是:北美洲的格陵兰岛,面积为217.5万平方千米;大洋洲的新几内亚岛,面积为78.5万平方千米;亚洲的加里曼丹岛,面积为73.4万平方千米;非洲的马达加斯加岛,面积为59.5万平方千米;北美洲的巴芬岛,面积为50.7万平方千米;亚洲的苏门答腊岛,面积为43.4万平方千米;欧洲的大不列颠岛,面积为23万平方千米;亚洲的本州岛,面积为22.7万平方千米;最后两个是北美洲的维多利亚岛和埃尔斯米尔岛,它们的面积分别为21.5万和20万平方千米。

92. 世界上有多少个独立岛国?

世界上很多沿海国家都有各自的海岛,可是,纯粹由海岛组成的独立岛国却并不多,经过统计,目前世界上总共有42个独立的岛国。下面的42个岛国你知道多少个呢?

这42个岛国之中,亚洲有10个:日本、新加坡、巴林、塞浦路斯、印度尼西亚、马尔代夫、菲律宾、东帝汶、斯里兰卡、文莱。非洲有6个：佛得角、科摩罗、马达加斯加、毛里求斯、塞舌尔、圣多美和普林西比。拉丁美洲有12个：巴哈马、巴巴多斯、古巴、多米尼加共和国、格林纳达、海地、牙买加、特立尼达和多巴哥、多米尼加联邦、圣卢西亚、圣文森特和格林纳丁斯、安提瓜和巴布达。欧洲有4个：冰岛、爱尔兰、马耳他、英国。大洋洲及太平洋有10个：斐济、瑙鲁、新西兰、巴布亚新几内亚、汤加、西萨摩亚、所罗门群岛、图瓦卢、基里巴斯、瓦努阿图。

93. 大西洋上的"人间天堂"在哪里？

在浩瀚的大西洋上,700多个各有特色的岛屿星罗棋布,组成了一个迷人的海岛奇观,但是这其中究竟谁最吸引人呢？许多人都看好与巴哈马首都拿骚一桥相望的亚特兰蒂斯。

20多年前,这块风水宝地被南非旅馆业富商索洛蒙·科茨奈发现。他在这一片荒凉的尚未开垦的处女地上,用了不到一年的时间就建起了一座世界级海洋公园,堪称世界上建造游乐园的冠军,实现了自己昔日的梦想。这座海洋公园,总面积5.5公顷,6个环礁湖、一个好莱坞式游泳池、各具特色的溪流、飞瀑和浮桥,还有3万多株热带植物中的佼佼者构成了一幅风景优美的美丽图画。慕名而来的旅游者们,在置身于阳光下,面对大海,聆听棕榈树间鸟语之时,无不惊叹：这简直是上帝创造的一座举世无双的伊甸园！除了海洋公园,亚特兰蒂斯还有白沙似雪的5千米长的海岸,还有海洋宫中那斑斓多彩、光怪陆离的海底世界,有各具特色的风味餐馆……索洛蒙在亚特兰蒂斯绘出了世界上一幅最美丽的图画,他创造了一座真正的"人间天堂"!

94. 圣保罗岛为什么被称为海豹的王国?

圣保罗岛是普里比洛夫群岛(位于阿留申群岛以北

圣保罗岛的海豹

200千米)4个岛屿中最大的岛屿。圣保罗岛面积35平方千米,居住着约550名阿留申人,是普里比洛夫群岛的经济文化中心。这个群岛是海豹的王国,这里的人也都以捕海豹为业。

若是在夏季,你能到圣保罗岛去旅游,一定会为那里的海豹惊叹不已。无论在岩石上、海滩上,到处都是大大小小的海豹,它们拖着后肢,爬来爬去;海面上的海豹时浮时沉,万头攒动,犹如千军万马。它们吼叫着、喧闹着,那声音震耳欲聋,好像是海豹在赶庙会似的。这就是海豹王国繁殖季节的真实写照。每年夏季差不多有100万头海豹(占全世界海豹总数的80%)要到这些群岛上生儿育女。这里真正是地球上最大的海洋哺乳动物的群集之处。

95. 世界第三大岛是哪个岛？

你知道吗？在亚洲东南部的岛屿中,有世界第三大岛,这个岛屿以前称"婆罗洲",印度尼西亚把它称为"加里曼丹岛"。加里曼丹岛位于马来群岛的中部,面积约73.4万平方千米,东西、南北距离都是1100千米左右。北部为马来西亚的沙捞越、沙巴两州,两州之间为文莱。南部为印度尼西亚的东、南、中、西加里曼丹4省,占全岛面积近四分之三。

加里曼丹岛上的山脉呈东北—西南走向,地势以中部最高。南部以低地、沼泽为主。赤道横贯加里曼丹岛。河流由内地向四周分流入海,拥有东南亚岛屿最长的几条河流,如卡普阿斯河、巴里托河、马哈坎河、拉让河等。山区水力资源丰富,有待开发。森林覆盖率达80%,是仅次于亚马逊河流域的世界雨林区。岛上盛产木材、橡胶、稻米、椰子等。金刚石储量居亚洲前列。胡椒产量居世界首位。而且,这个岛上的石油、天然气等矿产资源非常丰富呢！

96. "北方四岛"在哪里？

大家在报纸和电台等媒体上经常听说北方四岛,但这北方四岛是在哪里呢？北方四岛是指国后、择捉、齿舞和色丹4岛。它们位于日本北海道东北海域,东临太平洋,西濒鄂霍次克海,总面积约5000平方千米。岛上居民为阿伊努族,与北海道的阿伊努族属同一系统。岛上森林茂密,矿藏丰富,有金、银、铜、铁、铝土、硫黄等200多种矿产。周围海域水产资源丰富。国后和择捉一带为世界三大渔场之一,所产大蟹、海参著称于世。此外,这里还出产名贵毛皮。第二次世界大战以前,北方四岛是日本的领土,战后被前苏联占领,至今,那里还设有俄罗斯的军事基地。

97. 吕宋岛在哪里?

吕宋岛是菲律宾群岛中最大的岛。它也是菲律宾共和国人口最多、经济最发达地区。吕宋岛位于群岛北部,东临太平洋,南接锡布延海,西濒南海,北边距离中国台湾省300多千米。面积约10.46万平方千米,占菲律宾群岛陆地面积的35%。地形中部为中央平原,北部有卡加延河谷地,最高峰普洛格山海拔3201米。东部为热带森林,那里出产优质木材;中部平原盛产稻米、玉米、马尼拉麻、甘蔗、烟草、椰干;西部为国内重要稻米、甘蔗产区。矿藏有金、铜、铬、铁等。主要城市有马尼拉、奎松城、黎牙实比。菲律宾全国人口约2400万,其中有一半居住在该岛。

98. 为什么称印度尼西亚为"千岛之国"?

印度尼西亚是东南亚的群岛国,位于亚洲大陆和大洋洲大陆之间,它横贯赤道,领土有190多万平方千米,人口14000万。论面积,居亚洲第4位,可是,它的岛屿数却名列世界前茅。印度尼西亚是世界最大的群岛国,素有"千岛之国"的美称。直到20世纪90年代,在专门组织人员,全面地进行了一次地理考察之后,印度尼西亚官方才确认全国有17508个岛屿,它们分布在太平洋西部969万平方千米的辽阔海面上。其中6044个岛上有居民,全国三分之二的人口集中在经济最发达的爪哇岛上,从而,印度尼西亚成为世界上唯一的"万岛之国"。由于岛多而分散,全国重要的海和海峡就有10多个,因此,印度尼西亚又被称为世界最大的"海国"。

99. 世界上还有多少个"千岛之国"?

除了世界上最大的群岛国——印度尼西亚之外,世界上还有没有其他的"千岛之国"呢?专家们的调查结果表明,世界上还有6个千岛之国。

马尔代夫群岛在印度洋中部,位于斯里兰卡西南860千米,约由2000个珊瑚岛礁组成,群岛上的马尔代夫共和国是印度洋中的"千岛之国"。巴哈马位于古巴以北80千米,是西印度群岛中最北的岛国,由2400个岛礁组成。古巴位于加勒比海北部,由4011个岛礁组成,是西印度群岛中最大的岛国。英国是大西洋中的岛国,由5500多个岛礁组成。日本是太平洋上的"千岛之国",约由3000个岛礁组成,主要有本州、北海道、九州、四国4个大岛。菲律宾位于亚洲东南部的菲律宾群岛上,它由7107个岛礁组成,其中2400个岛礁有名称,1000多个岛上有居民。

100. 太平洋最大的岛屿是哪一个?

新几内亚岛也称"巴布亚岛"。它的东部属于巴布亚新几内亚国领土,而西部属印度尼西亚领土。它是太平洋中最大的岛和世界第三大岛。岛的面积是78.5万平方千米，人口约280万，主要为美拉尼西亚人和巴布亚人。全岛多山，雪山山脉和马勒山脉横贯全岛，大部分是山地，高原海拔在4000米以上。它的最高峰查亚峰，高达5030米。南部的里古弗莱平原为最大的平原，沿海多是沼泽地和红树林。海岸非常曲折，有很多的海湾。该岛比较大的河流有弗莱河、塞皮克河等。由于它地处赤道南侧，气候湿热，大部分地区属热带雨林气候，海拔1000米以上山区属山地气候，而且降水丰富。农产品有薯蓣、西米、香蕉、咖啡。矿藏主要有金、石油等。水产业也很发达，大量出口大虾、金枪鱼。这个岛上的森林覆盖率很高，占全岛面积的70％以上。根据考古推测，该岛在5万年前就已经有人定居了。1828年荷兰侵占了新几内亚岛的东部，1921年又归澳大利亚接管，直到1975年才完全独立。西部从1963年起一直由印度尼西亚管辖。

101. 极乐鸟的天堂是指哪个岛？

地跨亚洲和大洋洲，面积78.5万平方千米，是世界第二大岛——新几内亚岛，它的面积仅次于格陵兰岛。新几内亚岛一分为二，西半部叫西伊里安，为亚洲国家印度尼西亚的领土，东半部就是大洋洲巴布亚新几内亚了。巴布亚新几内亚由南面的巴布亚、北面的新几内亚两部分组成。不过它的领土还包括其他600多个大小岛屿。这个国家引以为自豪的是盛产极乐鸟，因为极乐鸟是世界上十分稀有的名鸟，它就生活在新几内亚岛的崇山峻岭中。

极乐鸟分好几种，有蓝极乐鸟、长尾极乐鸟、镰喙极乐鸟等。它们都羽毛艳丽,能歌善舞。极乐鸟的生活习性很有趣。就拿蓝极乐鸟求婚来说,它先是静悄悄地伫立枝头,低声鸣叫,随着清脆动听的歌声,渐渐把自己的身子向后仰,终于倒挂在树枝上。这时,它一身美丽的羽毛全部抖开。身体摆动,羽毛随之飞舞,如千百条彩带迎风招展。雄鸟之间很有风度,会互相谦让。在"情敌"追求自己的"意中人"时,会很识相地呆在一旁,直到前者求爱尝试失败,才勇敢地抖翅上场。长尾极乐鸟的一对翅膀下面有一团金橘色的绒羽,平时被翅膀遮住看不见,舞蹈时才竖立起来,向外展开,在背部形成了两扇金灿灿的"屏风",绚丽无比。而镰喙极乐鸟的喙像一把弯弯的镰刀,因而得名镰喙极乐鸟。它们不但羽毛华丽,而且喜欢在海拔2000米以上的高山之巅筑巢,爱在高山之巅自由翱翔。新几内亚岛到处是崇山峻岭,2000米之上的大山很多,因此很适合这种鸟生活。

102. "世界鳄鱼之都"在哪里?

位于太平洋最大岛屿——新几内亚岛上的岛国巴布亚新几内亚,气候湿润,岛上有很多沼泽地带,非常适合于鳄鱼的生长繁殖。这个国家的鳄鱼养殖业极为发达,全国有300多个大、中、小型鳄鱼养殖场,饲养鳄鱼近2万条;另外,猎人还可以从沼泽地区捕获大量的野生鳄鱼。巴布亚新几内亚每年仅输出的鳄鱼皮就达5万张,因此,巴布亚新几内亚享有"世界鳄鱼之都"的盛名。要去巴布亚新几内亚的话,防备鳄鱼的袭击可是十分必要的。

103. 巴布亚新几内亚的房屋有什么奇特之处?

新几内亚岛的巴布亚新几内亚,是个高温高湿、地壳动荡的国家。境内多火山,多地震。地壳的频频变化,使这个岛国具有雄伟的自然景观:悬崖峭壁、山脊峻拔、河谷深陡、水流湍急。全国几乎都是山,很难找到一块平川。

由于它特殊的地理环境,这个国家广大山区的房屋建筑相当奇特,依然保留着原始部族生活的特色。在森林中的多是就地取材的圆顶茅屋,而在沿海却是尖顶而又高跷的住屋。小的茅屋只住2个人,而大的可住200多人。居民们一般都睡草席和木架。屋内还有石头砌成的炉子供做饭用。由于部族之间长期争斗,房子的构造也都是有利于打击对手:站在屋顶上可以居高临下地望见通向屋内的通道,要走进屋里就只有踏着刻有梯阶的独木而上。而这根唯一引上屋内的独木在敌人来犯时又可以随时抽掉,使进攻者无法进屋。在房子的土墙上,还开着作为瞭望和投矛射箭用的长形窗口。

104. 巴布亚新几内亚有多少部族?

巴布亚新几内亚的居民有巴布亚人、美拉尼西亚人、西非几内亚人,也有4万多外来的居民。他们都是肤色黝黑,头发卷曲的人种,分为1000多个部族。这里山多,人们居住分散,每个部族只有两三百人,因此语言相互不通,有"走出十里,话就不一样"的说法。语言学家在这里作过调查,说这个国家有700多种语言,只有英语比较通用,但多数人是文盲,因此语言交流起来相当困难。

这里的人民尽管对外交流很少,但却精通种植芋头、甘薯和木薯,以及甘蔗、玉米、蔬菜等。而且他们从来不在固定的土地上耕种,三年两载,就要来个田园搬迁,重新开辟田园。在第二次世界大战结束之前,这个国家绝大多数人没有跟外部世界接触过。直到巴布亚新几内亚独立之后,它才由原始社会一步跨入现代世界,开始自己管理自己的国家。巴布亚新几内亚过去长期受到外国列强的侵略和奴役,所以,独立后他们把战鼓、长矛、极乐鸟选作国旗的图案。

105. 爪哇岛在哪里?

爪哇岛属于印度尼西亚管辖,位于苏门答腊与巴厘岛之间,是印度尼西亚的第四大岛。北临爪哇海,南滨印度洋,略呈东西向的条带状,东西长约990千米,南北最宽处有160千米,面积约12.6万平方千米。地形以山地、丘陵为主,有112座火山,其中活火山35座。它的最高峰是赛马鲁火山,海拔3676米。北部沿海为平原,土地极其肥沃,有很多优良的港口。南部海岸陡峭。森林覆被率约20%,森林的植被属于亚洲型,但与大洋洲相似。岛上已知的植物有5000多种,果树为香蕉、芒果、柚木,动物有犀牛、老虎、野牛、野猪以及400多种鸟、鳄、100多种蛇、500多种蝴蝶等。居民有三个较大民族,他们是爪哇人、巽他人和马都拉人,他们都信奉穆斯林,而且全讲马来语。岛上人口占全国三分之二,是印度尼西亚人口最集中、经济最发达的地区。它的主要城市有首都雅加达、万隆、三宝垄、泗水、日惹和苏腊卡尔塔。全岛有发达的铁路和公路网连接各城镇,以及国际机场和港口,进出口贸易十分繁荣。

106. "锡岛"指的是哪个岛?

邦加岛是印度尼西亚所属的岛屿,位于苏门答腊岛与勿里洞岛之间。它以相隔宽仅16千米的邦加海峡与苏门答腊岛相望。面积约1.2万平方千米,人口约39万。居民多为马来移民,也有少数土著部落。岛上大部为低地,大多地方是沼泽地,南北有山,最高点海拔692米。气候终年湿热,年降水量达3000毫米,遍布热带雨林。该岛为世界著名的"锡岛",1709年开始开采,锡产量约占全国一半以上,并产铁、铜、铅、木材、西谷米、胡椒、安息香等。

107. 新加坡在哪里?

新加坡位于太平洋与印度洋之间的航运要道马六甲海峡的出入口,为世界海洋交通中心之一,也是东南亚最大的海港城市。新加坡是一个城市国家,原意为"狮城",

这个国家的标志和象征就是"鱼尾狮"。它北与马来半岛相隔1.2千米宽的柔佛海峡,有长堤与马来西亚的新山相连。南隔新加坡海峡,与"千岛之国"——印度尼西亚相望。境内以新加坡岛为最大,东西最长42千米,南北最宽22.5千米,面积541平方千米,约占全国总面积的92.4%。岛上地势平坦,没有山岳,最高点海拔才170米,属于热带雨林气候,当地人称它是"终年是夏,一雨知秋"的宝地。

108. 为什么新加坡会被称为"花园城市"?

新加坡不仅经济发达,是亚洲的"四小龙"之一,也是首屈一指的旅游胜地,圣淘沙岛尤其是游客必到的度假之处。从风光绮丽的花柏山乘缆车,途经世界贸易中心抵达圣淘沙可使人大开眼界。岛上的珊瑚馆、海事博物馆、蝴蝶园、昆虫馆、新加坡先驱人物蜡像馆、奇石博物馆、幻想之兰花公园、龙门和巨龙踪迹等更是不可多得的观赏之地。值得一提的是居亚洲之首、规模最大的新加坡海底世界,它最大的特色就是在水槽中有一条可供游客进入的隧道,透过隧道的玻璃纤维罩,可以尽情观赏来自马尔代夫、印度尼西亚和南中国海等水域的4000多条海鱼及各种罕见的海底生物。除此之外,具有百年历史的新加坡"唐人街",建筑风格古香古色的老巴刹、苏丹回教堂,建于19世纪的阿卡夫大厦,带你进入奥妙宇宙的科学馆,享有"东方迪斯尼乐园"之称的虎豹别墅,名列世界前茅的裕廊飞禽公园,与猩猩共进早餐乐趣无穷的动物园,新加坡文物馆等也是游人休闲观光的好去处。

在新加坡,散发着浓郁香味的奇花异草和各种热带植物随处可见。城市清洁秀丽,地铁快捷方便,高楼大厦耸立,银行饭店比比皆是,每年都有数十万计的游客到此观光。新加坡凭借得天独厚的地理位置和自然条件,赢来了"花园城市"的美誉。

109. 新加坡的"屠妖节"是怎么回事?

新加坡人口约250万人。其中华人占四分之三,其余为马来人、印度人、巴基斯坦人、斯里兰卡人、欧洲人及欧亚混血种人等。每年除华人过春节外,还过圣诞节,马来人的节日很值得提及的就是印度的"屠妖节"。"屠妖节"是印度兴都教徒的新年,就像华人过年一样,每年11月,他们也要大扫除,迎接好运的到来。传说中印度兴都教守护神和地神生了一个恶魔,恶魔无恶不作,欺压众神。最后得到善良之神克里斯纳的救护,才消灭了恶魔,于是,大地重获光明,人们欢腾庆祝。所以在节日期间,印度人家家户户点灯,象征着得到了光明,并且欢迎幸运之神的降临。他们在屋门外也亮起一串串彩色灯泡,节日气氛非常浓厚。与此同时,兴都庙宇从清晨5点半就让信徒祷告、念经及献花,整个印族社区热闹非凡。如果游客要在新加坡了解印度人的宗教文化,那么,就请每年11月初赶赴狮城,肯定会满载而归。

110. 科隆群岛为什么会有南极风光?

在太平洋东部,北纬1度40分至南纬1度25分之间,大约在7500平方千米的海面上,散布着一群火山岛,人们把它称为加拉帕戈斯群岛,又称科隆群岛。从地理

海洋地理

纬度来看,加拉帕戈斯地处赤道,应该是个大火炉。可是令人难以置信的是,这里却是一派南极风光,与热带景观风马牛不相及。岛上寒风干燥,植物稀疏,即使在夏天的夜晚,也寒风阵阵,年平均气温才20℃左右。

为什么赤道地带会如此寒冷呢?这种南极风光并不是地势造成的,而是秘鲁寒流造成的。这股巨大的寒流把南极附近海域的冷水源源不断地送到赤道附近。冷水沿着南美洲西岸向北流动,当到达赤道附近时,加拉帕戈斯群岛首当其冲,被冷水团团包围起来。这好比群岛上安装了制冷设备,不但起到降温作用,还因寒冷减小了空气中的湿度,因而加拉帕戈斯气候既寒冷又干燥。这就是赤道的南极风光之谜的谜底了。

111. 科隆群岛为什么又称为"罪犯岛"?

科隆群岛,是由150万年前海底喷发出来的岩浆形成的。它孤悬在太平洋之中,显得十分荒凉,被视为不毛之地。过去连探险队也不愿上岛歇脚,人们把它称为"绝域"。1832年厄瓜多尔政府决定用它来放逐死囚,允许死囚犯在绞刑架与这片荒岛两者之间选择一个去处。因此,一批批"死囚"来到岛上,科隆群岛也就成了令人生畏的"罪犯岛"。1835年,26岁的达尔文率领探险队,登上了这片荒岛。他在这片"流放岛"上奔波,有了许多发现,终于完成了他的巨著《物种的起源》。125年之后,为了纪念达尔文这位伟大的生物学家,联合国教科文组织还在主岛圣克鲁斯岛上建立起了研究所,以保护和繁殖这里的珍稀动物。

112. 哪个岛被称为"珍稀动物的乐园"?

加拉帕戈斯群岛中有一个名为"圣克鲁斯"的岛,在这个岛上依然保留着世界其他地方早已绝种的野生象龟。这些龟主要吃岛上低矮的葛藤和仙人掌。象龟7000万年前产于南亚,最大的直径可达1.5米,重230千克。现在群岛上也只残存千多只了。科学家正在用人工饲养的方法来繁殖象龟。除了象龟之外,岛上还有世界其他地方早已绝种的鬣蜥。这种动物重达15千克,长达120厘米,黄褐色与象牙色相间。它们与南美大陆上产的身躯较细、重量较轻而善于爬树的南美鬣蜥是近亲。它们腹部粗大,不会攀爬,只能藏在地洞中,因此成了野猪、野狗捕食的对象,岛上鬣蜥的数量因而也越来越少。这里还生活着一种世界上独一无二的鸬鹚鸟。这种鸟丑陋得很,全身乌黑,翅膀已退化得不能飞翔,身体两侧的羽毛成了装饰品,只有几根了。圣克鲁斯岛由于具有独特的生态系统,有"珍稀动物的乐园"之称,从而被联合国教科文组织宣布为"人类的自然财富"。

113. 巴厘岛是"亚洲的末梢"吗?

巴厘岛位于印度尼西亚属小巽他群岛的西端。面积约5500平方千米。岛屿大致呈菱形,主轴为东西走向,构成略偏于北岸的火山带。岛东面的阿贡活火山海拔3140米,是全岛的最高峰。火山带北坡较陡,河流短促,水流湍急;南坡和缓,河流利于灌溉。岛的南端是两块低矮的石灰岩台地。岛上居民信奉印度教。该岛以庙宇建筑、祭祀、音乐、诗歌、舞蹈、绘画、雕刻和风景闻名于世,为世界旅游地之一。岛东侧的龙目海峡是亚澳两大陆地典型动物的分界线,因此,巴厘岛在生物学上也有特殊意义,生物学家把它称为"亚洲的末梢"。

114. 世界上最大的珊瑚礁群在哪里?

在澳大利亚东北部沿海,有片南北蜿蜒达2400千米的珊瑚礁群,它就是世界上最大的珊瑚礁群——"大堡礁"。它北窄南宽,北自托雷斯海峡向东南延伸至南回归线以南,最宽处240千米,最窄处19.2千米,总面积约20.2万平方千米。区内有几千个岛礁,岛礁四周金沙环绕,岛上绿树葱葱,不时有海浪拍打着礁盘,飞溅起白色的浪花,自然景色十分迷人。

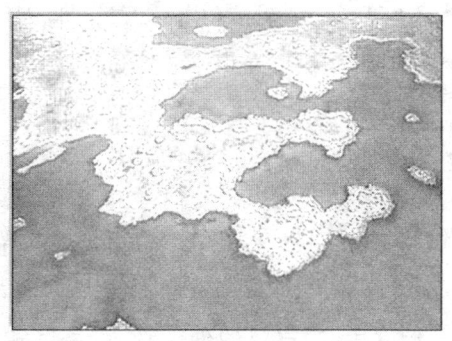

大堡礁

大堡礁的珊瑚体厚达几百米,规模之大,令人叹为观止。有谁能相信,这个宏伟的建筑物竟是小小的珊瑚虫的杰作呢?现在,大堡礁上稍大一些的岛屿上,已经有了深厚的土层,岛上椰林、木瓜、香蕉、面包果树长得非常茂密。岛上还栖息着成百万只海鸥和燕鸥。澳大利亚政府还在大堡礁的一部分岛礁上建立了一个庞大的海洋公园,世界各地前来游览观光的人络绎不绝。游客可以透过深入水下的长廊,尽情而直观地欣赏海底珊瑚礁和海底生物的奇妙景象。

　　大堡礁是世界上最伟大的自然奇观之一,一向被人们称为"人世绝域"。

115. 世界上有个"镍岛"吗?

　　南太平洋上的新喀里多尼亚岛位于澳大利亚东南,素有"镍岛"之称。岛上土壤贫瘠,植物稀疏,同附近景色诱人、地肥水美的其他各个岛屿相比,显得黯然失色。

　　这个岛早有土著巴布亚人定居。由于岛上不适宜生长农作物,所以在很长的一段时间内,该岛没有受到人们应有的重视。后来人们在这座岛上却发现了珍贵的镍矿,这才知道了为什么这儿不能种植粮食的原因。除了镍矿外,新喀里多尼亚的其他矿藏也有分布,不愧是个宝岛。而且,其中镍的储量还冠于世界其他镍矿的前列,约1250万吨,占世界总储量的18.8%。到20世纪初,新喀里多尼亚岛已成了世界上规模最大的镍矿供应地,随后岛上生活的各个方面都与镍产生了联系。岛上建有规模宏大的炼镍厂、镍铁合金厂,平均年产镍矿砂约600万吨,合纯镍近10万吨,稳居世界第二位。

116. "铜岛"在哪里?

　　与"镍岛"相媲美的是西太平洋的布干维尔岛,这是一个著名的"铜岛"。由于1768年法国航海家布干维尔在环球航行时到过此地,因此以他的姓氏命名。

　　布干维尔岛是巴布亚新几内亚的辖属岛,面积有1万平方千米,地势高峻,火山地震频繁,最高峰巴尔比峰海拔2745米,是一座活火山。在岛的东南山谷中有一个

海洋地理

世界罕见的富铜矿,含铜量超过1%,全部折为精铜共有8.9亿吨的储量。更妙的是,矿体埋层很浅,拨去一层表土便可以开采。布干维尔岛的铜矿是世界四大露天铜矿之一,全部在地面作业。在这里,采矿使用的特大电铲,一铲就能挖起22吨矿石,载重100吨的卡车的大轮胎比人还高,车斗有一座房子那么大。每年采矿石0.6亿~1.0亿吨,出口的精矿砂折合纯铜有20万吨,仅铜矿创造的财富就占了全国国民生产总值的30%。

117. 所罗门群岛在哪里?

在西南太平洋辽阔的洋面上,有大大小小数百个岛屿,它跨过世界上最大的珊瑚海,自西北向东南延伸,绵延不断数千千米。其间,珊瑚礁犬牙交错,伸向海面,围拦海水,形成一个个波光潋滟的潟湖。湖边森林丛莽,草木繁茂,海浪拍打礁堤,卷起朵朵浪花,瓦蓝的天空中,海鸥盘旋,展现了一幅色彩绚丽的风光画卷。这一片翠链般的岛屿就是闻名于世的所罗门群岛。

所罗门群岛位于西南太平洋,面积29785平方千米,有大小岛屿900多个,延伸1400多千米长,是个火山、地震活动频繁的岛群。居民26.9万人,其中美拉尼西亚人占18%,波利尼西亚人占15%,其他还有印度人、马来亚人、欧洲人和华人,其中华人不超过2000人。

118. 所罗门群岛这个名字是怎么来的?

说到所罗门这个名字的来历,还有个传奇色彩很浓的神话故事。大约在公元前986年,大卫国王有个幼儿叫所罗门。所罗门自小聪颖伶俐,智慧过人,12岁那年即

接替父业登上王位。由于他治国有方,善于经商,使得国库充盈,建造了富丽堂皇的王宫庙宇,亭榭楼阁。因此,所罗门名声大振,邻国纷纷向他朝贡,所罗门国王也就成为财富的象征了。

在此后的2000多年中,无数冒险家神往所罗门的金柜和金库。公元1568年,西班牙航海家门达尼亚·德内拉在西太平洋航海途中,发现了覆盖着茫茫原始森林的900多个岛屿。他万分喜悦,于是率领船员登上几个比较大的海岛。他们上岛之后,发现岛上的土著人身上挂满了各种黄金首饰,满以为找到了所罗门藏珍宝的地方,门达尼亚·德内拉惊喜地高呼:"所罗门!所罗门!"从此,这些海岛就被称为所罗门群岛了。所罗门金库之谜,也成了所罗门群岛吸引游客的一块巨大磁石。

119. 为什么所罗门群岛又叫黑色群岛?

所罗门群岛地处美拉尼西亚群岛的中部,"美拉尼西亚"是希腊语"黑色群岛"的意思。那为什么所罗门群岛也叫黑色群岛呢?传统的解释是所罗门人属于美拉尼西亚人种,肤色黧黑,所以取名"黑色群岛"。但也有另外一种说法,认为所罗门的地理位置靠近赤道,时常黑云密布,暴雨阵阵。晴朗的天空,顷刻之间,太阳被黑云笼罩,天色一片昏暗,因此以它的天色而得名。还有一种说法,是因为该地树木葱郁,遮天蔽日而得名。到底是为什么而得名黑色群岛,众说纷纭,莫衷一是。

120. 所罗门群岛的人造小岛是怎么回事?

在所罗门群岛东部的马莱塔岛的劳乌地区那风平浪静、波光粼粼的潟湖中,建有一座座小巧玲珑的人造岛。其中,大的有上千平方米,小的也有几十平方米。至于形状,有长方的、正方的、椭圆的、曲尺形的,多姿多态,一个挨着一个,簇簇拥拥,俨然一座"水上城市"。由于缺乏原料,修建人工岛,十分费时费力。人们要从附近的珊瑚礁上用小木筏运来礁石,填入湖中,颇似中国神话故事里的精卫衔石填海。一对身强力壮的年轻夫妇,建造一个能盖一两间住房的小岛,要花半年至一年的时间方能完成。为什么人们要修建人造岛呢?主要是因为所罗门气候炎热,水草丛生,蚊蝇肆虐,而潟湖风光秀丽,气候宜人,不失为居住的好去处,于是人们便"逃"到水上居住了。

121. 所罗门人造小岛上的人们怎么生活?

所罗门的人造岛上,座座村落,幢幢农舍,风格大同小异。房屋均用椰树干作挂梁,椰叶茅草缮顶,竹子围墙。房子高出地面数尺,与我国的傣族竹楼颇为相似。但要低矮得多,不禁让人想起"水巷小桥多","人家尽枕河"的苏州一带的江南风光。不过,这里没有粉墙竹影、曲岸流沙的纤巧雅致,有的只是辽阔海天、粗犷豪放的浓郁原始风格。

岛民衣食非常简单。因为天热的缘故,男的只围一条叫"拉帕—拉帕"的布裙子,女的通常也只穿短裙,整天赤脚,她们在被晒得滚烫的沙路上走来跑去,若无其事,确是一副铁脚板。至于饭食,所罗门全国都吃木薯、香蕉、椰子、菠萝、木瓜和金枪鱼。他们吃香蕉,是将碧青的香蕉煮或烤后食用。他们吃的鱼,大多是全靠自己用弓箭,或用长矛捕捉的石斑鱼。鱼的烹调非常简单,白水一煮,洒点食盐,一口香蕉一口鱼,吃得倒也津津有味。

122. 所罗门群岛还有贝壳羽毛货币吗?

所罗门群岛是自给自足的自然经济,尤其在偏僻的农村,还过着原始的部落生活。西部地区的村落里,母系社会的遗风犹存,母亲为一家之主,主持家政,处理社会纠纷,采用的基本上是女耕男猎的生活方式。家庭富裕程度的标志不是看有多少钱财,而是看拥有多少头猪。现代货币虽然也在岛上流通,但人们的金钱观念十分淡薄,还在进行着以物易物的原始交易。

他们也使用自己的特殊货币,最有代表性的是羽毛货币和贝壳货币。羽毛钱是用一种红蜂鸟和棕色鸽的羽毛制成。一卷羽毛钱有约27米长、5厘米宽,大约需要500只鸟的羽毛。羽毛钱现在已很少见了,一般是应顾客要求才制作。羽毛钱作为一种稀罕的工艺品,供游览者了解所罗门的经济、文化传统。与羽毛钱一样,贝壳钱也相当名贵。贝壳钱是用海里捡来的贝壳、海豚牙齿或蝙蝠牙齿做成贝壳钱,是不准出口的,但一些商人千方百计地收购贝壳钱,从中牟利。据说,花 20 英镑买一串 2 米长的贝壳钱,一转手即可卖 50 英镑。

123. 为什么称新西兰为"畜牧之国"?

从澳大利亚越过塔斯曼海,有两个长形的岛屿,人们称它为北岛与南岛,附近还有一些星星点点的小岛,这就是美丽如画的南太平洋岛国新西兰。新西兰面积约 26.8 万平方千米,是南太平洋海、空交通的要冲。

新西兰温暖如春,阳光充足,雨量分布均匀,岛上一片绿色,是个畜牧业发达的岛国。畜牧业是这个国家经济的主要支柱,天然草地和人工牧场面积辽阔,占全国土地面积的 51%。而且,畜牧业的机械化程度很高,畜产品出口值占出口总值的 70% 以上。全国养羊 6000 万只,年产羊毛 30 多万吨,牛 1000 万头,平均每人 20 只羊,3 头牛。羊肉和奶油出口均为世界前列,所以,被人们称为"畜牧之国"。新西兰对羊种的选育十分重视,还为此有专门的科研机构呢。

124. 新西兰的毛利人和华人曾是亲戚吗?

新西兰的开拓者是毛利人。这是个有 3500 多年悠久历史的民族。毛利人属波利尼西亚人种,他们的祖先是拉庇达人,而拉庇达人来自东南亚。毛利人的肤色、相貌跟中国人很相似,也是黄皮肤、黑头发、黑眼睛。

新西兰的人民能用石刀、珊瑚锤、贝钻一类原始工具制造出独木舟;能根据潮涨潮落、海鸟的踪迹,以及用肉眼观察星象来辨别方向;敢于在大洋大海上、在千重浪万顷波中扬帆远航,驶向千里外的未知彼岸。从10世纪起第一个毛利人驾独木舟远航千里发现了"遥远的白云之乡"(这是毛利人对新西兰的称呼),到后来更多的毛利人驾独木舟来到这里开发,他们从不同的登陆点深入内陆,形成了7个不同的部族。后来又逐步发展成为一个国家。

18世纪70年代英国的探险船队发现了新西兰,以后便不断向那里移民,使新西兰沦为英国的殖民地。后来残酷的剥削和压迫,使毛利人的人口不断减少,而欧洲人不断增加。新西兰于1907年才获得独立,成为英联邦成员国。现在毛利人只有25万人,约占全国人口的10%。

125. 毛利人是如何欢迎客人的?

作为新西兰开拓者的毛利人,虽然肤色、相貌跟中国人很相似,但他们的文化跟中国不同。在中国,人们欢迎

客人时,一般是用热烈的掌声、握手或拥抱的方式。而毛利人欢迎客人时,男女整齐地列队两旁,在一阵长时间沉

寂之后,会突然从人群背后走出一位赤膊光脚的中年人,先是一声洪亮的吆喝,接着头一仰,引吭高歌起来。歌声一落,年轻的姑娘们翩翩起舞,周围的人低声伴唱。歌停舞罢,他们便一个个走到客人跟前,开始了特殊的"碰鼻礼"(与客人鼻尖对鼻尖相碰三次),从而使欢迎仪式进入高潮。这是一种"家庭式"欢迎仪式。还有一种被称为"挑战式"的欢迎仪式。光着上身的男子一面吆喝一面手持长矛,向客人挥舞而来,还不时吐出舌头。走近客人时,将一把剑或是一根绿叶枝投在地上。这时,客人必须把它拾起来恭敬地捧着,直至对方舞毕,再双手奉还。这是一种最古老的欢迎仪式,据说是为了试一试来者是朋友还是敌人。朋友们如果要去新西兰,可一定要先了解他们的这种独特的欢迎仪式。

126. 新西兰地下有什么新能源?

探索和开发新的能源,已成为现代工业和科学技术领域内一个相当迫切的问题。地热的开发利用,正在为人类提供一种设备简单、成本低廉、安全可靠、污染少的新能源。新西兰这个岛国的地热资源就相当丰富。新西兰群岛处在西南太平洋的一条洋脊上,这里的地热现象层出不穷。

在这里有世界上少有的4个地热景观:第一个是汤加里罗公园。这是著名的火山区。层峦叠嶂的群山及火山活动的奇景,吸引着世界各地的游客。第二个是怀拉基地热电站。这是世界上最大最早的地热电站之一。电站的装机容量达192600千瓦。第三个是怀蒙谷地热田。

这里有世界上最大的间歇泉,喷发高度达475.5米,两天喷一次,每次能持续几个小时。喷发出来的除热水与蒸汽以外,还有大量泥浆和岩石,致使泉水颜色发黑。第四个是罗托鲁瓦市的温泉。它是闻名世界的"太平洋温泉"。市民普遍利用地热取暖和供其他生活用热。地热还被用于造纸、加工木材、育苗以及医疗卫生等方面。这个城市的间歇泉很多,喷发时水柱和蒸汽都蔚为壮观,并伴有呼呼巨响,"声色俱厉",使人望而生畏,进而又赞叹不已。

127. 关岛有什么战略意义?

关岛是美国的海外领地之一,位于马里亚纳群岛南端,面积532平方千米,岛上建有海空基地,人口12万,首府是阿加尼亚。1893年前,关岛归西班牙所有。美西战争后,美国取代了西班牙成为关岛的主人。第二次世界大战初期,日本人攻占了关岛。1944年,美军付出巨大代价才收复了关岛。以后,美军在关岛上大兴土木,修建了5个航空兵基地,其中安德森和西北关岛基地为战略轰炸机基地。岛上有13处港湾可以停泊舰船,其中阿普拉港最为重要,港区面积达18平方千米,可停泊航母以下舰船50多艘。美军在岛上还修建了阿加尼亚海军供应基地。这个供应基地储存的物资达10万多种,主要供应在太平洋和印度洋的舰队,同时也为西太平洋亚洲地区和印度洋驻军提供各种物资保障。该岛修船能力较强,可修理航母等大型军舰。越南战争以后,关岛的战略地位有所下降。目前,关岛已成为美国在西太平洋最重要的前沿基地之一。

128. 最早的波利尼西亚人是从哪里来的？

在浩瀚无垠的南太平洋中的波利尼西亚群岛上，居住着波利尼西亚土著人，经过几千年的沧桑巨变，波利尼西亚人在当地逐渐形成了自己独特的文化传统和生活方式，这一切与周围秀丽的自然景色有机地融为一体。令人费解的是居住在远离大陆海岛上这些民族从何而来，又是怎样到达这里的？根据考古学家和人类学家研究推测，波利尼西亚人的祖先来自南美洲西海岸的智利、秘鲁等地，也有可能来自亚洲印度尼西亚一带，他们大规模的迁移时间是在公元前10世纪左右，距今已有3000年左右的历史。从那个时候起波利尼西亚人世世代代生活在与世隔绝的海岛上，同大自然进行着顽强的搏斗。

当年波利尼西亚人迁移时，可能用的是一种至今还有使用的双体船。他们在没有金属工具的条件下，掌握了如此精湛的造船技艺，只用大树、木板和藤条、皮带就造出了能经受得住大风大浪的远洋帆船，真是一件相当了不起的事，这其中肯定还有一些人所不知的奥秘。

129. 波利尼西亚人是怎样生活的？

波利尼西亚人有着执著的宗教信仰，他们崇拜一些面貌慈祥的人形神像，请求神灵保护海岛免遭灾祸的袭击。后来随着欧洲文化和基督教在世界范围内的传播，波利尼西亚人逐渐开始放弃自己的传统宗教和文化，转而接受新的思想，于是这些友好之神也就渐渐地不复存在了。

南太平洋中的珊瑚岛和环状珊瑚礁周围的海水里，栖息着名目繁多的鱼类和贝类。波利尼西亚人可以轻而易举地赤脚下到湖中捕鱼。这里不论大人孩子个个都是捕鱼能手。可可果、香蕉、木瓜和面包果为珊瑚岛上的居民提供了丰富的天然食品，更不用说在周围海水里的大量鲜鱼和贝类了。大自然赏赐给波利尼西亚人无限的幸福和快乐。由于自然环境为波利尼西亚人提供了日常生活必需的食物、衣服和住房，使得岛上长期以来没有商品买卖，人们和酋长一道生活在安静的小村庄里。每逢一些重大场合，比如部落首长的就职典礼，村里便举行大规模的庆祝活动，当地人称为卡瓦节。有趣的是这类活动只有男人才能参加。在卡瓦节的聚会上，大家按照各自在部落中的地位顺次传饮卡瓦酒。这种酒是波利尼西亚人利用当地生长的卡瓦树酿制成的，非常受欢迎，因此也就把他们的节日称为卡瓦节。南太平洋岛屿上的土著民族个个能歌善舞。跳舞者随着音乐的节奏飞快地摇摆腰身，令人眼花缭乱。

至今，波利尼西亚人仍然过着田园牧歌式的浪漫生活，大自然造就了他们无忧无虑、热情奔放的品格。但是随着世界文明的飞速发展，这种安静的生活究竟还能维持多久，还是让我们拭目以待吧。

130. 日本为什么特别关注"冲之岛"？

确切地说，"冲之岛"原本是日本南部太平洋上的几块珊瑚礁，该岩礁在行政上虽属于日本东京都的小笠原村，但距东京多达1740千米之遥。所谓的"冲之岛"在退

海洋地理

潮时东西长 9.5 千米，南北为 1.7 千米，大致呈椭圆形。它的周围是仅 2 米深的浅层珊瑚礁，礁石外围就是 200 米深的海底。在涨潮时它仅有两块礁石露出海面，这两块礁石相距有 1.2 千米，露出水面的高度仅 30 厘米～50 厘米，面积加起来也不到 8 平方米。由于常年被海浪侵蚀，已经几乎没于海面。

日本从 20 世纪 70 年代起对这一岩礁显示出巨大的兴趣。从 1983 年开始，日本政府就斥巨资 300 亿元，以钢筋、水泥等对其进行加固成人工造"岛"，并建设了测量标志、气象观测装置和直升机起降平台。1996 年 7 月，日本向联合国提出在冲之岛岩礁周围设立专属经济区的申请，至今尚未获得批准。

根据《联合国海洋法公约》的规定，专属经济区的范围为 200 海里。在冲之岛岩礁的附近，没有任何陆地，因此如果建立以此为基点的专属经济区，就有可能获得一个半径为 200 海里完整的圆形地区，其面积达 43 万平方千米，比日本本土的面积还要大。在这里除了有已知的丰富鱼类资源和大量的锰矿以外，其他的资源还有待今后进一步勘探。对于资源匮乏的日本来说，通过两块岩礁而获取如此广袤的专属经济区，可谓"醉翁之意不在酒"了。

但是，《公约》规定的岛屿是"四面环水并在高潮时高于水面的自然形成的陆地区域"，这就排除了人工构造物要求海洋区域的可能。同时，《公约》还规定，"不能维持人类居住或其本身的经济生活的岩礁，不应有专属经济区和大陆架"，这又否定了以小块岩礁、礁石划定专属经济区和大陆架的可能。我国政府也一贯主张,冲之岛不是一个岛,只是一块岩石,不能设定为专属经济海域。

131. 世界第一大群岛是哪一个?

在浩瀚的海洋中,星星般散布着大大小小的海岛,有些海岛互相接近,组成了一系列的群岛"家族"。在世界上主要的50多个群岛中,最大的一个群岛是位于西太平洋海域的马来群岛。

马来群岛,地处太平洋和印度洋之间,南北长3500千米,东西宽4500千米,总面积242.7万平方千米。这个群岛分属于印度尼西亚、菲律宾、马来西亚和文莱。岛上山岭多,地形崎岖,地壳极不稳定,常有地震、火山爆发。海峡较多,是东南亚到世界各地的重要通道。整个群岛有大小岛屿20000多个。在这20000多个岛屿中,有名有姓的海岛,仅占总数的五分之一,其余均是"无名之辈"。有人居住的岛为数就更少了,仅为岛屿总数的十分之一。该群岛居住人口近两个亿,是海外华侨比较集中的居住地之一,在我国称之为"南洋群岛"。该群岛的本地人以马来人为主,故又名"马来群岛"。

132. 世界最小的群岛在哪里?

在一系列的群岛"家族"中,既有高大的"巨人",又有矮小的"侏儒",大者面积超百万平方千米,而小的还不足10平方千米。在全球的诸群岛中,无论就其岛数来说,还是从其面积、人口来看,马来群岛都独占世界鳌头,没有其他群岛能与之相比。

那么,世界上最小的群岛是哪一个呢?它就是位于

南太平洋萨摩亚群岛北部的托克劳群岛。它是由3个珊瑚环礁组成,面积仅有10平方千米,可以称得上是"袖珍群岛"了。

133. 夏威夷群岛对美国有多重要?

夏威夷群岛是美国唯一的岛屿州,它远离大陆,位于碧波万顷的太平洋交通要道中央,由20多个大小岛屿组成。其中主要的岛屿有8个,分别是夏威夷、毛伊、瓦胡、考爱、莫洛凯、拉奈、尼豪和卡胡拉韦。这些大小岛屿呈西北至东南方向排列,绵延至少3200千米,面积共为15635平方千米,人口约有80万。夏威夷岛最大,约占群岛面积的三分之二,而瓦胡岛则是群岛中人口最多和在政治、军事、经济及交通等方面均最重要的一个岛屿。夏威夷群岛的首府火奴鲁鲁(华侨称之为檀香山)及美国重要的海空军基地珍珠港均在瓦胡岛上。这里不仅是美国太平洋战区的指挥中心,驻有美太平洋舰队总部及其所属的陆、海、空三军司令部,而且还是美国在太平洋上的海、空交通枢纽和重要国际商港。

134. "夏威夷"的名字是怎么来的?

夏威夷群岛的原居民是波利尼西亚人,后来白种人、日本人、菲律宾人和华人陆续在此定居,使这里成了多种族的地区。"夏威夷"为波利尼西亚语,意思是"神的地方"、"诸神之地"或"神仙福地"。古时候,当地居民认为岛上著名的冒纳罗亚火山与冒纳克亚火山是诸神的住地,由此得名。夏威夷群岛从前是个独立王国,从1820年起,美国的势力进入夏威夷群岛,开始是以传教为名,后来则积极从事政治、经济活动。到 1898 年,美国吞并了夏威夷群岛,1959 年夏威夷正式成为美国的第 50 个州。美国国旗上的五星,也最终增至 50 个。夏威夷的别名是"阿洛哈州","阿洛哈"也是波利尼西亚语,意为"欢迎"、"友谊"、"再见",对于远道而来的客人,夏威夷人总是用花环和"阿洛哈"的呼声表示热情欢迎。

135. 为什么夏威夷群岛被称为"太平洋的十字路口"?

夏威夷群岛地处太平洋心脏地带,是太平洋上的交通要冲,它向南至大洋洲的斐济首都苏瓦约 5000 千米,向东到美国西海岸的圣弗兰西斯科近 4000 千米,向西到日本的横滨约 6300 千米,向北到阿拉斯加约 4000 千米,而且中间几乎没有什么岛屿可靠,因此夏威夷群岛的地理位置和战略地位就显得特别重要,素有太平洋的"十字路口"和太平洋"心脏"之称。

136. 洋中"湖水"从何来?

在浩瀚无垠的印度洋中部,有一群岛屿,叫作查戈斯群岛。这个群岛的主岛,名叫迪戈加西亚岛。它没有高高的山峰,也没有连成一片的陆地,整个岛屿只有一圈环形的礁石,围住了一片海水。环礁的北部有一个窄窄的开口,使里外的海水能够相通。人们把这种环礁围起的地方,叫作"潟湖"。当然,它还是姓"海"的。

迪戈加西亚岛里的这片潟湖,长 24 千米、宽 9.4 千米。这个岛的陆地面积虽然只有 28.5 平方千米,可中间的潟湖,却有上百平方千米。汹涌的印度洋咆哮无忌,连天的巨浪一个接着一个,仿佛要把一切吞没。而湖岸里边却是风平浪静,到处都显得那么安详,那么从容。杰出的生物学家达尔文在谈到潟湖时,感叹不已:"如果不是亲眼看到,很难想象,在那无边的海洋中,会有那样低平的陆地;在那汹涌澎湃的怒海中,会有平滑如镜的潟湖。这是何等对比鲜明的动人情景啊!"

137. 迪戈加西亚岛有什么战略地位?

迪戈加西亚岛实际上是400多年前一位同名的葡萄牙人发现的。后来,在那里定居的人们主要从事打鱼、摘椰子和制盐等活动。由于这个岛的地理位置扼守在太平洋和大西洋的必经之路上,所以也成为各国的注目之地。1810年,英国人占领了这个小岛,并且把它划归英联邦的毛里求斯所属。英国人在岛上建渔港、机场。一直到20世纪60年代,日趋衰落的英国已无法承担这个海外属地,只好和美国人签订了协议。从此,迪戈加西亚岛就成为美国在印度洋的战略据点。

在第二次世界大战期间,迪戈加西亚岛上的潟湖曾经一度为盟军立了大功。作为一个重要的海军基地,它充分发挥了独特的战略作用。在美国接管该岛之后,不仅对原有的港口、机场等设施进行了扩建,而且建立了一个强大的无线电通讯中心。现在,迪戈加西亚岛内既能停泊巨型的航空母舰,又能降落大型的军用飞机,这个洋中之湖正在发挥更大的战略作用。

138. 阿留申群岛是阿拉斯加的"踏脚石"吗?

打开地图,我们就会看到,在太平洋北部,美国阿拉斯加州的西南面,有一条半圆形带状的群岛,它就是阿留申群岛。它断断续续,自东向西延伸,几乎可达亚洲的堪察加半岛附近,长达2700多千米。这真是大自然的绝妙造化,如果以白令海北端的阿纳德尔湾为中心点,再以这一中心点到阿留申群岛的距离为半径,用圆规画一圆圈的话,你便可发现,阿留申群岛自东向西延伸部分与圆的轨迹几乎如出一辙。如果把白令海比作一条河,那么阿留申群岛就恰似露出水面弯弯曲曲一长串"踏脚石",从阿拉斯加半岛出发,踏着这些"石头",便可"走"到"河"的对岸了。

139. "大西洋岩石花园"在哪里?

非洲西北岸大西洋上有一片火山群岛,由马德拉岛、圣港岛以及德塞塔什群岛等8个岛屿组成,陆地面积为797平方千米。东面距北非西海岸约580千米。主岛马德拉岛占群岛总面积的93%,地势崎岖,多地震,最高海拔1862米。海岸陡峭,森林茂密,花草繁多,有"大西洋岩石花园"之称。该岛最大城市和主要港口,是位于马德拉岛南岸的丰沙尔。丰沙尔同时也是工商业中心和游览胜地,还是欧、非、美洲间来往轮船的燃料和淡水供应站。

140. 西印度群岛在哪里?

1492年,哥伦布首先发现了西印度群岛,可他误认为是印度附近的岛屿。因它的位置在西半球,故称"西印度群岛",这个名字一直沿用至今。

西印度群岛是位于大西洋及其属海墨西哥湾和加勒比海之间的一系列岛屿。从古巴的西端圣安东尼奥角到委内瑞拉以北海面上的阿鲁巴岛,呈向东的长弧状,延伸4700多千米。该群岛由1200多个岛屿和众多暗礁、环礁组成,面积23.5万平方千米。地处北纬10度～30度之间。自南向北分为小安的列斯、大安的列斯和巴哈马三组群岛。它的主体是大安的列斯群岛,多属大陆岛,系北美科迪勒拉山系的延伸,弧形山脉构成各岛主脊。海地岛上的杜阿尔特峰为西印度群岛的最高峰,海拔为3175米。小安的列斯群岛大部分是多山小岛,其中东部岛弧以火山岛为主。巴哈马群岛多为珊瑚岛礁,地势低平。安的列斯群岛东部地处火山地震带,地壳很不稳定,时有活动。东部和中部诸岛7—10月常受飓风侵袭。这里气温温和,降水丰富,出产大量蔬菜、水果、珍珠、木材、海盐、甘蔗等。矿藏有铝土、铁等。这里的不少地区还是游览胜地,每年吸引了成千上万的游客。

141. 东印度群岛在哪里?

在看一些历史书时,我们会遇到"东印度群岛"这个地名。不过你清楚这个东印度群岛具体指的什么地方吗?其实"东印度群岛"是一个地理区域的旧称。它指的是同"西印度"相对称的一个地区名。1492年哥伦布到达美洲,误认为见到了印度。后来,欧洲殖民者即称南北美大陆间的群岛为"西印度";同时称亚洲南部的印度和马来群岛为"东印度",因此,马来群岛也曾经被称为"东印度群岛"。荷兰殖民者侵占了现在的印度尼西亚为殖民地后,也曾称该地为"荷属东印度"。

142. 为什么称马达加斯加为"红色岛国"?

几百万年以来,马达加斯加岛像一艘巨大的航船,顶撞着印度洋惊涛骇浪的冲击。昂布尔角是船首,直指阿拉伯半岛和波斯湾;圣马里角是长达 850 海里的航船船尾;咆哮的海风不断拍击着灰蒙蒙的海面,航船长长的尾流竟一直波及南极的边缘。

海上的人都称马达加斯加为"红色的海岛"。这主要是因为岛上的土壤是红色的,每当 12 月,即南半球的初夏季节,在一片绿色稻田的衬托下,更显出一派红绿相间的美丽景色。

143. 马达加斯加岛上的动物有什么特点?

在 2000 多万年以前,马达加斯加岛才与非洲大陆分开。这里既没有大量的具有非洲特征的食草动物,也看不到诸如狮、豹之类的强悍的捕食性猫科动物。正是由于在这样的条件下,当马达加斯加岛尚未脱离非洲母亲的怀抱之前,生存在岛上的生命就存留下来了。直到今天,如原始狐猴,这种在世界所有其他地方早已绝迹的猴子却能在岛上繁衍生存。现在,这些仿佛是来自远古的活化石,它们用那瞪圆的眼睛盯视着那些外地来客。

144. 马达加斯加最早的居民是什么人?

马达加斯加最早的居民是那些很早就在这个岛上落足的、来自马来群岛的人。研究人体和文化的人类学者们,发现这里的语言都体现出马来西亚的影响,这种影响还表现在农业技术(水稻的种植)和农具(特别是一种带长柄的锄头)的使用方法。渔夫的打鱼方式也能体现出这种影响,他们驾驶独木舟,使用着鱼叉和鱼篓。

在这里,人们可以看到许多方面都带有远东的色彩:比如篮子和席子的编织,东海岸贝齐米萨拉卡人穿的用植物纤维纺织品制作的服饰,沿海地区的住房结构(建造在桩基上的、屋顶异常倾斜的长方形住宅),还有乐器等。此外,人们还从家庭的结构中,从对造物主上帝以及对水神、山神、森林之神等概念中,感觉到这种远东的影响。更引人注目的还有许多与远东民族相似的习俗,如葬礼、杀牛祭祖以及一些舞蹈等等。

145. 马来人的祖先何时来到马达加斯加?

直到13世纪末,马达加斯加人还与亚洲母亲保持着密切的联系。就在这个时代,许多新居民来到马达加斯加岛。不过,早在9世纪,阿拉伯人的贸易影响已深入印度洋的这块陆地。另外,古希腊哲学家亚里士多德和古罗马自然学家普林尼就已知道这个岛了。古希腊著名的天文学家、地理学家托勒密把马达加斯加岛称为陆地,而希腊的海员则把它叫作岛屿。那时,埃及人和腓尼基人或许也曾在这个岛上游览过。马可·波罗还在他的著作中隐约谈到过它。但是,他的了解仅仅是通过传闻,而不是亲眼所见。

1500年,葡萄牙人迪耶戈·迪亚士正式发现了马达加斯加。此后,印度洋上沿着马达加斯加通往印度的达·伽马航路通航了。这样就为欧洲人寻找矿产和香料开辟了道路。随后便是一场浩劫。荷兰人、英国人、法国人接踵而至,冒险家、海盗和奴隶贩子也紧随其后。直到1958年,"红色的海岛"才重新获得了自由与独立。

146. 马达加斯加为什么多牛?

马达加斯加的牛比人还多,传统的乡间文化使牛这种财产构成了社会和宗教的资本。那些在传统的家族节日里,能献祭大批牛的人是真正的富翁。在农村,男孩子戏耍也要模仿那些漫游在牧场上的牛。在南部和西部地区,牛群遍布在广漠无垠的牧场上。黄昏,晚霞一片火红,无数只牛蹄扬起的尘埃就像一团团红色烟云;竖琴一般的牛角在烟云之中时隐时现。人们在每个牛群头牛的耳朵上都作了记号,这是为了主人们能够辨认各自的牛群。

在马达加斯加,畜牧业的基本价值与牛在各种仪式中的首要作用有着紧密联系。仪式包括葬礼和在节日里祭祀祖宗。像结婚这样的好日子,照样要献祭一头或数头牛。牛的角将作为纪念品装饰坟墓,而且还是死者的财富和身份的象征。牲畜中的牛被看作献给祖宗的祭品。据传说,只有祖宗和神吃到牛肉时,人和上帝之间才能息息相通。因此,农民对牛的热爱几乎是如醉如痴的。

147. 兰里岛是"鳄鱼的王国"吗?

在孟加拉湾,有个很不起眼的小岛,叫兰里岛,是缅甸的领土。这个小岛布满了水网沼泽地,是一个凶残的鳄鱼的王国。

1945年2月,太平洋战争已进入尾声。有一天,在孟加拉湾的兰里岛,英军包围了一支侵略缅甸的日军,有1000人左右。日军被挤到一片齐腰深的沼泽地带。这一片沼泽地是鳄鱼的巢穴。白天在英军猛烈炮火袭击下，这些鳄鱼都藏在水下。到了夜间，炮火停止了，沼泽地安静下来，潮水又刚退下去，躲在水下的鳄鱼张开了大嘴，露出锋利牙齿，倾巢出动，向企图爬到岸上寻食休息的日军发起了攻击。这些鳄鱼在水面上东游西窜，无数发光的眼睛时隐时现，令人毛骨悚然。顿时，沼泽地上爆发出一片呼救声、咒骂声、号啕声和惨叫声，并夹杂着一阵阵水上搏击声、开枪射击声。10多分钟过后，在水中的士兵被鳄鱼咬得七零八落，惨不忍睹。经过一晚上的生死搏斗，1000人左右的日本军队最后只有20多人幸存。

148. 兰里岛人为什么养鳄鱼？

鳄鱼长得丑陋，相貌可怕，又很残忍，因此人们一见它就要把它打死。但是由于鳄鱼皮可制革，所以非常值钱，捕杀它的人就更多了。这样一来全世界的鳄鱼数量大大减少，孟加拉湾各国的马来鳄已濒临绝种。

在这种情况下，动物学家开始研究人工繁殖、饲养鳄鱼，并获得了成功。在养鳄场里，母鳄每年在池边干地产卵20枚～40枚，孵化60天后幼鳄出壳。母鳄背着它们入水觅食，幼鳄长到2尺多长便可离开母鳄开始独立生活，再过2—3年就可取皮了。兰里岛也是养鳄最理想的地方。据说世界上已有三四个国家开始兴办鳄鱼养殖场，其经济价值极为可观。

149. 哈尔克岛在什么地方？

哈尔克岛是波斯湾东北部一个岛屿。属于伊朗管辖，位于布什尔港西北55千米，是一个小岩石岛，面积49

平方千米。最高点海拔87米。它主要是因为建有世界上最大的原油输出港而著称于世。原油从大陆经海底油管运抵油港。其码头可同时停靠十余艘油船,最大吨位可达50万吨。岛上输油设备每小时可把6万吨原油泵入油轮,是伊朗的原油输出中心。岛上除设有油库外,还建有化肥厂、石油液化气厂等。

150. 圣诞岛为什么被称为"红蟹王国"?

圣诞岛坐落在印度洋爪哇岛南360千米处,是澳大利亚领土。岛上是热带气候,有2000多居民,其中有华人、马来人和欧洲人。圣诞岛是世界上最大的海鸟栖息地之一,有8种海鸟在此繁殖。然而,这个岛上真正的特产却是红蟹。据说岛上有1.2亿只红蟹,数以万计的红蟹加起来,据说有8千吨重呢。

当每年雨季到来时,红蟹要从森林中迁移到海边生殖。那时,红蟹组成的"红潮"漫过陆地,从高台到海滩,到处是红蟹。你如果到那里去旅游,就会感到无处落脚。将圣诞岛称为"红蟹王国"真是恰如其分。

151. 毛里求斯岛在哪里?

毛里求斯岛位于印度洋西南部,是马斯克林群岛的主要组成部分。它西距马达加斯加岛805千米,东西宽47千米,南北长61千米,面积1865平方千米。它与查戈斯群岛、塞舌尔岛鼎足而立,战略地位重要,是南大西洋和印度洋之间航运的要冲。由毛里求斯岛、罗德里格斯群岛、阿加莱加群岛和卡加多斯—卡拉若斯群岛共同组成毛里求斯国。该岛是火山岛,岛上熔岩广布,有多处火山口。周围有珊瑚礁和潟湖环绕,岸线曲折,属优良港湾。岛的中部为高原,地势南高北低,间有低山孤峰,一般海拔300米~600米以上,最高点海拔827米。该岛31%为森林覆盖,高地森林茂密,多桃花心木、黑檀等名贵木材。低地气候湿热,高地较凉爽。东南迎风坡年降水量达3500毫米,而西北部在1500毫米以下。12月至次年3月多飓风、暴雨。该岛先后曾被荷兰、法国、英国占领,直到1968年3月12日才宣告成为独立国家。

152. 赫德岛为什么被称为象海豹的乐园?

赫德岛位于南印度洋,离南极大陆1500千米,处在狂暴西风带和南极辐合线上。岛上气候属南极气候,赫德岛80%的面积被冰川和潟湖覆盖。因为地势险要,峭壁上的冰川伴有许多裂缝,不定时地塌崩。在冰川和海滩之间,有大片大片的绿色植被,这是无数生命繁殖和栖息之地,也是海豹生活的乐园。

赫德岛上的海豹有三种,有南极皮毛海豹、象海豹和豹型海豹,其中象海豹体型最大,皮毛海豹最小。每当夏天来临时,象海豹是最早上岸的来访者。首先是雄性海豹来到海滩和草地,寻找它的新乐园。然后再返回大海之中,把它的"爱妻"接上岸来。母海豹往往是上一年夏天怀孕,是准备上岸在新居中产仔的。

153. 奔巴岛为什么又叫"丁香岛"?

奔巴岛是印度洋西部的珊瑚岛,属于非洲的坦桑尼亚。在温古贾岛(桑给巴尔岛)北面,隔奔巴海峡与非洲大陆相望,最近处57千米。面积984平方千米。西部多丘陵,东部较平坦。气候湿热,年降雨量2000毫米。它除了盛产椰干、椰油外,还是丁香的主要产区,有丁香树300多万株,与温古贾岛及其附近小岛上共有丁香树近500万株,平均年产丁香1万吨,产量占世界总产量的80%以上。1958年时获得了特大丰收,年产丁香达2.4万吨。它们大多数经过温古贾岛上世界最大的丁香输出港——桑给巴尔出口。所以,奔巴岛又叫"丁香岛"。

154. "冰火之国"在哪里?

大西洋北部的冰岛,境内有很多火山、温泉和喷泉,也有很多冰原、冰川,它们构成了冰岛的两大自然奇景。该国有五分之一的土地被冰原、冰川和火山熔岩所覆盖,因此,冰岛人民称自己的国家为"冰火之国"。

冰岛是北极圈南的岛屿,位于欧洲西北的北大西洋

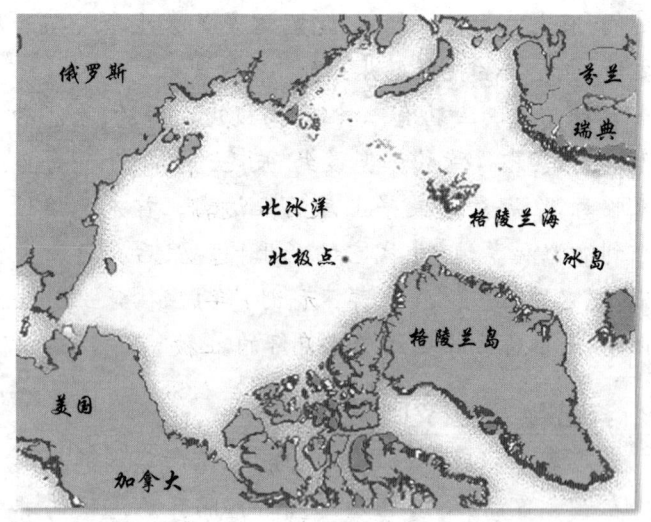

冰岛

中,介于大西洋和北冰洋的格陵兰海之间。北端靠近北极圈,西隔丹麦海峡与北美洲的格陵兰岛相望,相距322千米;东南端距欧洲大陆最近点苏格兰805千米。有1千余年历史的冰岛共和国领土总面积为10.3万多平方千米。居民为日耳曼族的冰岛人,约30万。岛上地形以高地为主,平均海拔500米,峭壁直临海岸;沿海平原零星而狭小,仅占全岛面积的7%。最高峰华纳达尔斯火山海拔2119米。南部海岸线较平直,西、北、东三面较破碎,并有不少深入内陆的峡湾。在很久以前,整个冰岛都为冰川覆盖,至今,冰蚀和冰碛地貌还遍布各地。岛上现代冰川总面积仍达1.192万平方千米。

155. 你知道冰岛的来历吗?

说起冰岛这一令人生畏的名字,这里还有一段来历呢。相传在很早以前,就有人来到这里,当时,人们发现这里的天空中常有一团团弥漫不散的烟雾。公元前4世纪,希腊地理学家皮菲依曾称它为"雾岛",这主要是由于他经过考察,在附近的一个高约100米的谷地中,发现一个喷泉区,共有30多个间歇泉,热气腾腾,形成巨大的雾气,于是,给它取了这个名字。由于这里远离大陆,交通不便,很少有人光临。直到公元864年,斯堪的纳维亚航海家弗洛克踏上岛岸,这个海岛才真正被"发现"。以后,斯堪的纳维亚人、爱尔兰人和苏格兰人纷至沓来。当这些移民的船驶近南部海岸时,首先映入眼帘的是一座巨大的冰川,这就是冰岛著名的瓦特纳冰川。人们对这个冰川留下了极其深刻的印象,于是便把它命名为"冰岛"。

还有一种说法是：最初的殖民者在岛上定居后，不希望别人再来分享自己的"口中食"，因此取"冰岛"这个名字，以阻止人们闻风而来。

156. 冰岛是"冰雪之岛"吗？

冰岛，听到它的名字就叫人感到寒冷。可是，当你从飞机上偶然居高临下往岛上一看，会发现岛上到处在冒烟，好像整个海岛都在燃烧。其实，这并不是烟火，而是从地层里钻出来的蒸汽，可见，冰岛又是个火热的岛。

冰岛及周围地区是全球火山最活跃、最剧烈的地区之一。1963年在它的南面由于火山爆发，烈火和熔岩造就了一个新岛。据地质学家说，冰岛地区大约每隔5年就有一次剧烈的火山爆发，岛上许多高山和平原都是火山熔岩冷却后形成的。火山活跃，也使冰岛的温泉特别多，大小温泉有800多处。这些温泉，是地下水被火山熔岩烤热后，沿着地层的裂缝喷涌而出形成的。冰岛的首都雷克雅未克处在温泉最多的地域，市民们用科学的方法充分利用地热和温泉，用它做饭、取暖、洗澡和发电。冰岛的城市中冒出来的是蒸汽，而不是煤烟，因此成了世界上少有的"无烟城市"。

157. 冰岛为何多火山？

冰岛是一个令人惊讶的多火山地区，共有火山200多座，分布在全岛的脊背上。在过去的500年中，平均每5年就有火山喷发一次。所以，冰岛的火山口、坑坑洼洼的荒地、黑色的熔岩沙漠和奇形怪状的山岭在冰原上随处可见，到处是大自然的奇观。

海洋地理

冰岛火山

冰岛之所以多火山,那是因为冰岛地处大西洋中脊的北端,它是正在撕裂着的大西洋中央裂谷唯一出露于大西洋之上的陆地(岛屿)。每当海底裂谷猛烈撕裂之时,就是冰岛火山喷发之日。1783年,在长约30千米的裂谷地带,有100多个火山口同时喷发,炽热的熔岩吞噬了20多个村镇,冰岛有五分之一的人口因此丧生。200年以来,这种火山喷发的危险时时存在。1973年1月23日凌晨1时15分,在距瑟尔塞火山岛约10千米的赫马岛上,两个半夜起来散步的人,突然发现眼前的大地裂开了口子,从里边喷出火来,他们不由惊呆了。一道长约1.5千米的大裂谷在岛的东侧出现了,裂谷中有40多处往外喷溢岩浆。看到这种可怕的情景,有人做了如下的形容:好像是用尖刀捅开了地球,从地球的伤口中往外喷出浓浓的血液。

科学家认为,大西洋中脊仍在不断扩展,这一地区正在缓慢地分裂开,冰岛上的火山始终处于被压抑中的活动期。既然冰岛的火山喷发如此活跃,是否可以认为,冰岛海底下面缺少一层岩石圈,即地幔的最上一层,在其以下10千米处可能还存在着一种海绵状半熔化的物质,它能产生同各个火山相连的压力。有谁知道呢?

158. 苏尔采岛是世界上最年轻的岛吗?

1963年11月14日上午7点30分。一艘小海船正在冰岛以南的海域里做捕鱼准备,船员发现海面上突然起火,大火起处还喷出通红的火山弹。海底火山喷发了!船离喷火处只有2海里,顿时在大浪中摇晃起来。喷烟高达3500米,火山裂谷长300米～400米,每隔半分钟就有一次大喷发,中间夹杂着一些小喷发。火山弹落进海里,溅起高高的水柱,海水也变成褐灰色。到下午3点,裂谷长度发展成500米,喷烟高度达3600米。浓烟从褐色变成黑色,继而就喷出带白色蒸汽尾巴的火山弹。火山弹呈抛物状落入海中。

11月16日,这片海域中诞生了一座高40米、长600米的椭圆形新岛。有位法国科学家冒死登上新岛,把小岛取名为苏尔采岛。于是苏尔采岛也就成了世界上最年轻的岛了。

在此后的3年零6个月中,苏尔采几沉几浮,在多次海底火山的作用下,面积也在不断增大。到1967年5月,海底火山活动告一段落时,苏尔采岛的火山海拔已达到178米,全岛面积是2.8平方千米。

159. 为什么说牙买加是"泉水之岛"?

牙买加,在印第安人阿拉瓦克族的语言中,意思就是"泉水之岛"。这个西印度群岛的第三大岛,位于古巴南面的加勒比海中,面积为11400多平方千米。

地球上的岛国众多,但是几乎没有一个像牙买加那样有着那么多泉水。它的泉水之多,正如牙买加有一首民歌所唱的那样:"牙买加,牙买加,这个泉水淙淙、河水盈盈的美丽富饶的国家……"这个岛国的水源极为丰富,港汊河流纵横交错,淙淙的泉水举目可见。数不清的泉水从山间谷地、崖壁裂缝中流出,构成了一幅幅美妙的山水图画。在众多的泉水中,既有淡水泉,又有矿泉,泉水中含有多种矿物质,具有一定的医疗功效,使这里的人们颇受其益。

160. 牙买加为什么会有这么多的泉水?

为什么牙买加会有这么多的泉水呢?这要从岛的地理特点讲起。牙买加全岛有广阔的石灰岩高原,主要分布在岛的中部和西部,境内多高山和幽谷,兰山山脉绵延东部,最高峰海拔2256米。在高山和幽谷间,瀑布长流。在石灰岩高原上,地面崎岖不平,数不清的如蜂窝般的石灰岩溶洞遍布其间。还有一些又大又深的下陷洞穴。这里地处大西洋西部,位于中美洲、南美洲之间,属热带气候,降雨量充沛,雨水渗进地下裂隙和洞穴,形成丰富的储水。山谷地带,由于受到自然力的破坏,形成许多沟壑,使充盈的泉水四溢,汇流成无数的河流和川涧,流泻入海。全岛大大小小的河流不下几百条,它们像一根根闪闪发光的银带,把全岛编织成一个巨大的水网。这些河流各有特色,还有着丰富多彩的名字:黑河、白河、大河、宽河、铜河、牛奶河、香蕉河等等。

161. 世界最大的天然沥青湖在哪里?

特立尼达岛是一个位于大西洋中部西缘的岛屿。在特立尼达岛的西南有世界上最大的天然沥青湖,面积约47公顷,最深约90米,估计蕴藏量为1200多万吨,虽然经过了数十年大规模的开采,湖面却未见降低。湖中还挖掘出印第安人的武器和日常用品、史前动物的骨骼、牙齿和鸟类化石等等,这些奇异的现象引起了许多考古学家的兴趣。

特立尼达岛位于小安的列斯群岛东南端,属特立尼达和多巴哥共和国,面积4800平方千米,海拔940米。岛上有该国首都西班牙港。人口约124.3万。岛上森林常青,种有甘蔗、可可、水稻等多种农作物。特立尼达岛还盛产石油。

162. 欧洲第一大岛是什么岛?

欧洲第一大岛——大不列颠岛,位于欧洲大陆西岸外的大西洋中,是大不列颠群岛的主岛之一。它东隔北海,东南隔多佛尔海峡、英吉利海峡与欧洲大陆相望。它也是英国本土的重要组成部分,包括英格兰、威尔士、苏格兰三部分,有"英伦三岛"之称,面积约22万平方千米。大不列颠岛和爱尔兰岛及其附近小岛一起称为不列颠群岛。不列颠群岛原与欧洲大陆相连,后因陆地下沉,出现了英吉利海峡,才与欧洲大陆分开。岛上属海洋性温带气候,多雨雾。煤、铁、石油、天然气等资源丰富,沿海渔业也很发达,泰晤士河流域南部平原盛产小麦、大麦、马铃薯、甜菜、亚麻等。这些资源对英国早期工业的发展起着促进作用。本岛是钢铁、机器制造、航空、电子、汽车等工业发达的地区,也是世界主要工业发达地区之一。

163. 英国国家海滨公园在哪里?

英国国家海滨公园位于西威尔士半岛,为一条数千米宽的条带,沿半岛海岸呈马蹄形分布。它始建于1952年,面积582平方千米,有60个适于游泳的海滩,其中24个海滩的知名度很高,有10多个水上运动场可以行舟、滑水、驾帆板、潜水、冲浪。还有15个垂钓中心和其他游乐设施。

国家海滨公园远离喧闹的城市和繁忙的工业区,绿色的原野上点缀着古朴的村庄和成群的牛羊。炮栅是国家海滨公园西部的一个小村落,这里在18世纪时是石料集散地,现已辟为旅游点。站在山坡上,可以俯视海湾、河谷。废弃的采石场、矿坑成了人们了解矿工过去生活的教室,三三两两的游人饶有兴趣地四处察看。沿着海岸是距今6亿年的寒武纪板岩、石灰岩地层,这是英国最老的地层,也是国际上知名度很高的标准剖面。由于地壳运动,岩层已经直立,在海浪冲蚀下形成陡峭的悬崖。

164. 王子岛在哪里?

从土耳其首都伊斯坦布尔南行,9座美丽的小岛如9颗绿宝石镶嵌在马尔马拉海东北,这就是世界闻名的避暑胜地王子岛。到土耳其旅游,如果不到王子岛,实为一大憾事。

王子岛中的布吕克岛,是避暑的胜地。人们登上此岛,立即置身于土耳其那特有的度假情趣之中,心中的一切烦恼便会一扫而光。岛上除了比比皆是的海滩塑料拖鞋摊点和海鲜餐馆外,最有特色的东西还有两件,即土耳其特有的消夏凉亭和四轮有篷马车。19世纪的土耳其建筑师们创造了消夏凉亭这种特有的建筑风格,它古朴典雅,享有"奥斯曼姜饼式建筑"的美名。这些传统的木结构建筑,高大宽敞,四周有回廊和塔楼,伴随着阵阵凉风,透过那做工精巧的花格窗,岛上出色的美景尽收眼底,令人心旷神怡。当地政府规定,任何机动车辆不得进入岛内,于是有篷四轮马车便一枝独秀。其实,在这里坐汽车远不如坐四轮马车富有情趣。每到周末,从首都伊斯坦布尔蜂拥而来的人群,在清脆的马蹄声和悦耳的铃铛声的"交响乐"伴奏下,兴致勃勃地来到王子岛这个充满诗情画意的世界,饱享其乐。

165. 世界第一大岛是哪个岛?

如果把澳大利亚算作大洋洲大陆,那么,世界上最大的海岛就是格陵兰岛了。格陵兰属于丹麦管辖,位于北美洲的东北部,北冰洋与大西洋之间。东西最宽处1200千米,南北长2650千米,面积达217.56万平方千米,人口有5.5万人。公元前9000

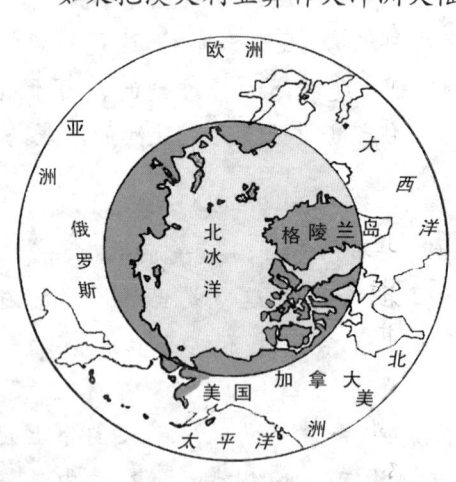

格陵兰岛

年,爱斯基摩人就来到这儿定居。10世纪末丹麦和挪威的航海家曾经到过此地。

166. 格陵兰岛是"绿色的土地"吗?

"格陵兰"这个词的意思是"绿色的土地"。格陵兰岛果真是"绿色的土地"吗?实际并非如此。

格陵兰岛六分之五的土地被冰所覆盖。它仅次于南极,是世界第二大冰库,冰层平均厚达1500米,最厚地方有3411米。这里冰块有260万立方千米,如果全部融化,可以填满世界最大的陆间海——地中海;如果让它流入海洋,科学家说,全世界的海水要升高6.5米。

这个大岛大部分位于北极圈内,气候寒冷,常有风暴出现,年平均温度在0℃以下,中心地区1月平均气温为零下53℃,是世界上除南极洲外第二个年平均气温最低的地方。这里几乎到处是皑皑白雪和冰山,一派千里冰封、万里雪飘的银白世界。由于格陵兰的冰原辽阔,所以有世界上最大的"冰山工厂"之称。

但是到了夏季,西南沿海一带会出现一片绿色,这里草甸和矮生林木开始生长,候鸟群集,鲜花盛开,动物活跃,呈现出一片生机。当初的几个北欧探险家和首批欧洲移民初来乍到时,大概就是看到这一狭长地带,才把该岛誉为"绿色的土地"而冠以"格陵兰"美称的吧?岂不知在这个庞然巨岛上,绝大部分还是茫茫一片银色世界呢!

167. 格陵兰岛上有什么生物?

格陵兰岛生活着不少珍稀动物,如北极熊、北极狐、海豹、海象、鲸,还有其他如驯鹿、鳕鱼、沙丁鱼等。

格陵兰岛上的海豹主要有两种。一种叫食蟹海豹,以食磷虾为主。还有一种是豹海豹,它凶猛残忍,猎食企鹅、海鸟。爱斯基摩人就是以海豹为衣着和食物的来源。在格陵兰岛海域出现的鲸也主要有两种。一种是蓝鲸,它是世界上最大的动物。它也是真正的"海上大力士",能拖住800马力的机船,使它开倒车,还能以8千米/小时~14千米/小时的速度游上几个小时。在格陵兰海域,还生活着一种鲸,叫虎鲸,又叫逆戟鲸。虎鲸的绰号叫"海狼",它像老虎一样凶猛,又像豺狼一样残忍。此外,这一带海域还盛产沙丁鱼,别看它有点像泥鳅,却是一种延年益寿的保健食品。

168. 格陵兰岛的爱斯基摩人为何长寿?

格陵兰岛上的爱斯基摩人生活在冰原上,根本种不了庄稼,主要是靠游猎生活。爱斯基摩人的寿命仅次于世界长寿岛——日本向岛上的居民,平均寿命在80岁以上。为了揭开爱斯基摩人的长寿之谜,科学家经过多年调查发现,格陵兰岛上的爱斯基摩人都以鱼类为主要食物,尤其是爱吃沙丁鱼。爱斯基摩人主要食品除沙丁鱼之外,就是鲸、海豹肉。鲸、海豹肉和沙丁鱼占他们的食物的80%以上。这些肉类跟猪、牛肉的最大不同点,那就是有丰富的不饱和脂肪,能对人体的心血管起软化作用。这就是格陵兰岛上爱斯基摩人长寿的秘方。

169. 火地岛在什么地方?

火地岛是南美洲南端的岛群。隔麦哲伦海峡(最狭处仅3.3千米)同南美大陆相望。它由主岛火地岛、伦诺克斯岛和努埃瓦岛等岛屿组成,总面积约7.3万平方千米,其中火地岛面积为4.8万平方千米。它的西部和南部为山地,其沿海多港湾,为安第斯山脉的伸延,最高峰达尔文峰,海拔2438米;北部为冰川地形,多湖泊、岩堆。气候夏凉冬冷,多强风,年平均气温低于7℃。太平洋沿岸降水量达3000毫米,东部不足300毫米。人口稀少,主要从事牧业(羊)、森林采伐、捕鱼和蔬菜种植。该群岛于1520年为航海家麦哲伦所发现,之后350年间仍为土著奥那族、杨干族和阿拉卡卢夫族印第安人所占有,发展不大。1880年后发现金矿,1945年发现石油,智利、阿根廷开始向该岛移民,发展交通,建立鱼虾加工厂和炼油厂。它的西北部石油蕴藏丰富,是智利石油的重要产地。

170. 乔治王岛在什么地方?

1985年2月20日,中国第一个南极科学考察基地——中国南极长城站建成了,可是,你知道它建在哪里吗?它就建在南极洲的乔治王岛上。

乔治王岛是南极洲南设得兰群岛中最大的岛屿。面积1338平方千米。其南端距南极半岛顶端约140千米。岛的中北部是厚200米~300米的柯林斯冰帽,南部隔菲尔德斯海峡与厚300米以上的纳尔逊冰帽相望,西边是德雷克海峡和近海岸的大片礁石区,东南部依次分布着3个大海湾,即乔治王湾、海军上将湾和麦克斯韦尔湾。乔治王岛是南极洲距南美大陆最近的岛屿之一。

海洋地理

海洋地理趣闻

171. 百慕大群岛在哪里？

百慕大群岛是英国在北美洲的殖民地，位于北大西洋西部，在北纬32度14分至32度25分和西经64度38分至64度53分之间，西距美国东海岸哈特勒斯角97千米，由145个小岛和许多岩礁组成，陆地总面积为53平方千米，其中主岛百慕大岛约占总面积的三分之二。有居民的岛屿20个。该群岛是世界最北面的珊瑚岛群之一。群岛上低丘起伏，最高点海拔仅73米，有少数沼泽和盐沼，终年温和湿润，海岸曲折，多深水良港和白砂海滩。群岛经济以旅游业为基础，农、牧、渔业发达。百慕大群岛还是世界著名旅游胜地。

172. 为什么称"百慕大三角"是"魔鬼三角"？

在辽阔的马尾藻海中，有一块每边长约2000千米的近似等边三角形的巨大海域，它的顶点在百慕大群岛，底边的两端分别在佛罗里达海峡和波多黎各岛屿附近，距北美大陆900多千米。这就是举世闻名、人们谈之色变的"百慕大三角"。

100多年来，有许多飞机、船只在这里失事。当船舶、飞机进入这个"死三角"海区时，人们会看到奇异的闪光，罗盘会发疯似的乱转，操纵系统失灵，与地面的无线电联系会莫名其妙地中断，以至船(机)毁人亡。据统计，仅20世纪以来，就有1000多艘船舶、30多架飞机以及1000多人在这个海区失踪、罹难。这些沉没的舰船、坠毁的飞机，甚至连一点残片都找不到。遇难人员的尸体也消失得无影无踪。所以，每当船舶、飞机经过这里，人们心中都充满着恐惧,望而生畏,称这个海域为"死三角"或"百慕大魔鬼三角"。

百慕大三角

173. "百慕大魔鬼三角"是怎样造成的?

为什么在"百慕大魔鬼三角"海域会经常发生事故呢?为了揭开"死三角"之谜,科学家和探险家们纷纷前往考察探测。后来,经过科学家们反复考察研究论证,终于发现,这个地区磁场强度要比其他地区高得多,这种地磁异常是造成许多海上悲剧发生的原因之一。水文气象研究表明,这里的天气经常发生难以预报的变化,会突然出现龙卷风和飓风,而在周围却是晴朗天气。就是这龙卷风和飓风,加上强地磁异常的作用,才造成了一个又一个船(机)毁人亡的悲剧。

174. "百慕大三角"为什么会发生地磁异常?

同学们已经知道了,地磁异常是船只和飞机在"百慕大三角"失事的原因之一。为什么这个海域会发生地磁异常呢?这要从地质构造谈起。

大约2.2亿年到1.8亿年前的遥远年代,在4000万年的漫长时期中,地球大陆裂开了好几条大缝,有的陆地向南漂移,有的向北漂移,有的往东,有的往西,直到变成现在七大洲四大洋的模样。在大陆分裂前,只有南、北极有很强的磁性。地壳岩石也都有一定的磁性,但是比两极的磁力小得多。当大陆裂成许多块而且向不同方向漂移时,就如同一根磁棒,不但中间断裂,而且在纵向上也给劈开了似的,折断处就会产生新的强磁力地区,这些地区的磁力要比其他地区大得多,虽不如南北磁极强,然而对局部地区来说,它就成了一个强磁异常区。当船只或飞机来到这儿时,怎能不会被吸进去呢?

175. 有能使人长高的岛吗?

如果你有机会去千岛之国印度尼西亚的马提尼克岛上旅游的话,你会惊奇地发现,就好像进入了童话故事中

的巨人国。生活在这个岛上的居民个个身材高大,而且更离奇的是,如果外地人来此长居,即使原来已停止长高的成年人,也会毫无例外地相应长上几厘米。这种"礼

遇",对一些自嫌身矮的人来说,无疑是个福音。

那么,是什么原因使马提尼克岛有如此神奇的力量呢?一些科学家认为,这个海岛上埋藏着大量的放射性矿物,这种放射性物质能使人体内部机能发生某种特别的变化,从而使身体增高。另一些科学家则认为,这里的地心引力小是使人长高的原因。遗憾的是,这两种理论都不足以使人们信服。"巨人岛"的出现到底是何原因,至今仍是一个自然之谜。

176. "火湖"是什么"湖"?

大巴哈马岛位于大西洋巴哈马群岛中,西距美国佛罗里达半岛约96千米,是巴哈马联邦的第四大岛。它东西宽12千米,南北长24千米,面积1773平方千米。这个岛是旅游胜地,一年四季游客不断。引起游客最大兴趣的是那神奇的"火湖"。大巴哈马岛上的"湖",怪就怪在一个"火"字上。只要夜间游人乘船把湖水激荡起来,那水珠溅到水面,就会出现点点"火花",船尾还会拖着一条长长的"火龙"。有时候,船儿惊动了鱼儿,鱼儿咕噜一跳,跃出水面时也闪动着火星,就像鲤鱼钻火圈似的。

有人一定会问:这湖水中的火从何而来呢?其实这是一种冷光。湖水中繁殖着大量的甲藻,这种甲藻体内含有大量荧光酵素,当水珠飞溅时,甲藻中的荧光酵素被氧化,就会发出五光十色的"火花"来。当然,你用不着担心会起火,这种光跟夜间萤火虫发出的冷光是一样的。这就是"火湖"的神奇之处。

177. 圣拉法埃尔岛上为什么会有"鬼火"？

在加勒比海上,有个小小的球状海岛,叫圣拉法埃尔岛。它距埃斯帕牛拉岛几千米,是个珊瑚岛。每当夜幕降临时,在离岛不远的海上,就会出现一种奇怪的哭泣声,并且不时出现一团团神秘的"鬼火",忽明忽暗地闪烁着。那奇怪的声音在夜空中回荡,如果是雨夜,则更令人恐怖生畏,好像魔鬼就要从海里跳出来似的。

这种"鬼火"现象到底是什么鬼怪发出来的呢？经过一段时间的探索,"鬼火"的谜底终于被揭开了。原来,"鬼火"来自茂密的珊瑚丛。透过清澈的海水,可以清楚地看到那些五彩缤纷、秀美绮丽的珊瑚树互相交错,形成了一张非常细密的天然大网。当海水向前推进时,珊瑚组成了屏障,把海水一层层过滤,使一种数不清的海洋特有的微生物留在珊瑚上,它们在舒适的珊瑚温床上迅速地繁殖。微生物越积越多后,形成了一个巨大的海底微生物乐园,夜幕降临,它们便会发出光亮,远远望去,忽明忽暗,一闪一闪,犹如"鬼火"闪烁。当海潮一涨一落时,海流冲击这些珊瑚,互相摩擦,会发出一种声音,好似哭泣。两种现象加在一起,就使这片海域染上了神秘色彩。

178. 有会漂移的岛吗？

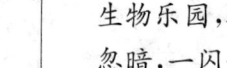

看到这个题目,大家一定会觉得奇怪:难道世界上还有脱离地壳而漂浮的岛屿吗？

有的,不过,这些能漂浮的岛屿不过是一种"人工岛"而已。南美洲的"的的喀喀湖"浮岛,就是当地乌罗族人将该湖所产的香蒲植物堆积在一起而形成的"岛"。由于

这些植物比水轻,加之香蒲铺叠很厚,因而具有很大浮力。亚洲缅甸英莱湖的"浮岛"风情又别具一格。这里的建岛材料,是用树枝、芦苇和干草等植物编成可浮草垫,然后再将约1米厚的腐烂植物和约60厘米厚的泥土覆盖在草垫上,种植粮食、蔬菜和瓜果等。从空中鸟瞰,犹如片片绿洲。

位于巴西北部的马拉尼翁州的佩纳尔瓦城附近福尔摩索湖中,也有一座"浮岛",面积为1.5平方千米,比欧洲小国摩纳哥还要大一点儿。这座"浮岛"的土地实际上也是腐烂了的水生植物、树枝和树叶一层层堆积起来而形成的硬板块,厚度可达好几米。与前面两种"浮岛"所不同的是,这个"浮岛"不用船只牵引,每年都在一定的时期从湖的一边出发,顶风漂向湖的另一边,在来年大约同一个时期,再按原路返回,行程约15千米。至于这个"岛"为什么会定时漂移,至今还是个谜。

179. 有神秘莫测的"幽灵岛"吗?

所谓的"幽灵岛",顾名思义就是海洋上时隐时现、出没无常、神秘莫测的"鬼岛"。多尔蒂岛就是这样一个"幽灵岛"。1841年,一位名叫多尔蒂的捕鲸船船长在茫茫大海中发现了一个奇岛,他看到岛上的海狮多得像海滩上的鹅卵石,便不失时机地抓住这个流芳百世的良机,以"多尔蒂岛"之名标进航海图,于是"多尔蒂岛"开始载入史册。不料到了1889年,当两艘荷兰猎捕船专程来此岛捕捉海狮时,却又扫兴而归,因为多尔蒂岛神秘失踪了。奇怪的是,4年后多尔蒂岛又出现了,一艘猎海豹船的猎手们看见岛上成群结队的海狮,便迅速进行猎捕,返航时海狮满舱。1904年,英国探险家试图揭开多尔蒂岛的真相,在这片海域苦心搜寻了几天,但连海岛的影子也没有看到,于是只好改道赴南极而去。从此以后,在海图上标示"多尔蒂岛"的地方却再也没有人能一睹它的风采了,岛屿像幽灵一样消逝了。有趣的是,在昔日多尔蒂岛海域的下方又不可思议地长出了一个名叫"布韦岛"的新岛,有人说它是多尔蒂岛的一只脚。

180. 为什么"幽灵岛"会出没无常?

茫茫的海洋中,有些岛屿会"神出鬼没"。类似上面提到的这种"幽灵岛"的例子还有不少。那么,为什么大海会"生"出小岛呢?

原来,这与火山和地震有关。当火山停止活动,构成新岛的材料得不到补充时,海浪就会逐渐把新生的岛屿摧毁掉。也有人认为,这些岛屿的消失,是地震时地壳的某些部分发生断裂造成的。因为在火山爆发较多的区域,地震一般也较多,在地震发生的短暂时间内,一些岛屿可能陷入深海。岛屿的时出时没还与火山的多次爆发有关。在前一次火山爆发时形成的新岛,可能在第二次火山爆发时消失。有时候火山爆发诞生了新岛,由于海浪、地震等原因又消失了,但又一次火山爆发时这些被摧毁的岛屿又会重新出现。

181. 可可岛在哪里?

太平洋厄瓜多尔的加拉帕戈斯群岛东北约300海里,巴拿马的西海岸,有一个闻名遐迩的小岛,这就是可可岛。可可岛全长不过7.2千米,宽3.2千米。这里是典型的热带风光,气候湿润,丛林密布,但是该岛环境恶劣,堪称蜘蛛、毒蛇和蜥蜴的天下。可可岛尽管荒无人烟、环境恶劣,毒蛇出没,但多年来却吸引了无数探宝者。据统计,在过去150多年间,足有500多支探宝队光临该岛,谱写一曲曲令人扼腕的悲歌。

182. 可可岛真的是"藏宝圣地"吗?

世界上的藏宝圣地当首推可可岛。说起可可岛财宝的来历,颇富神秘的色彩。流传最广的是这样一个故事:1821年,年轻有为的船长汤姆普森驾驶着一艘名叫"梅里·吉尔"的海船,到达秘鲁的卡亚俄港。当时,正值秘鲁激战,西班牙上层贵族和天主教徒们准备将掠夺的大量珍宝载往卡亚俄港,运回西班牙。这些珍宝可谓是财宝堆积如山,珍宝价值连城。汤姆普森深感发财的时机来到,决定劫宝。一天夜里,他带领水手杀死了哨兵,砍断缆绳,扬帆逃入茫茫大海。具有丰富航海经验的汤姆普森,以其娴熟的技术很快摆脱了追赶来的西班牙人,消失在大海中,果断地驶到了可可岛。他和船员们花费了整整三天时间,才将10吨财宝搬运上岸,藏入岛中。可是汤姆普森一伙劫犯还是被逮住了。所有船员中最后只有汤姆普森逃了出来,他逃跑后,在纽芬兰隐居了足足20年。

进入暮年之后,汤姆普森贪心不死,便与基帝一拍而合,决定绕道阿根廷以南合恩角,直通可可岛。然而不巧,汤姆普森不幸染上重症,只得把珍藏多年的标有十字标记藏宝地点的图送给基蒂,并告之寻找宝藏的秘密通道口。多年以后,这一秘密终于被公开而引起了空前的轰动。从此,大量的汤姆普森藏宝图广为流传,无数财迷心窍的人涌向可可岛,可是全都一无所获。时至今日,可可岛仍以它特有的魅力吸引着一批又一批探宝人。

183. 可可岛还有什么关于宝藏的传说?

可可岛还有一个海盗藏宝的传说。说的是绰号为"血剑"的著名海盗贝尼托·博尼托埋宝藏的事。一次贝尼托在巴拿马近海遇上5艘西班牙军船,随即用准确的炮火击沉三艘战船,海盗们抢走了载有珍宝的大帆船,价值2000万英镑。运往可可岛后,贝尼托命令在威费尔湾的一悬崖中挖掘了一口约11米深的洞穴,埋入其中。6个月后,他们执行了第二次海盗行动,抢劫珍宝更丰厚,海盗把珍宝放进洞内,以巨石封口。第三次海上劫掠时被英国皇家海军抓获,魔王贝尼托被处以绞刑。但他在死之前将藏宝图转交给妙龄美女梅里。后来,美国西部的企业大亨们从梅里口中获得信息,专门成立了"可可岛阿依莱特开发公司"。1854年初,考察队信心十足地开赴可可岛,但却一无所获地回到旧金山。

另外一个"宝藏"是所谓的僧人宝藏。说的是古时秘鲁遭到弗朗西斯科·比萨罗疯狂掠夺时,许多寺院的僧人们联手将宝藏偷运到可可岛。因此在1894年时,德国人古斯特曾与哥斯达黎加政府签订了开发可可岛宝藏的合同。古斯特便与妻子在岛上安家落户,建房开园备渔具,开洞挖宝20年,可惜仅发现一枚1788年铸造的西班牙杜布朗金币。

184. 宁塞依斯岛是个"世外桃源"吗?

宁塞依斯岛位于大西洋的中部,面积不足50平方千米。岛上丛林茂密,沙滩宽阔,到处是清泉和果树。但这里交通闭塞,很少跟外界接触,是个"世外桃源"。

科学家首先发现,白天岛上寂静得出奇,偶尔有几只海鸥在波浪间飞翔。岛上没有人吗?不是。科学家们发现一些土地上种着庄稼,还有一些房子。后来发现,房子里住着300多人。这些人非常奇怪,他们白天睡大觉,夜晚繁星闪烁、皓月当空时,岛民们便走出茅舍,进行耕作、采摘水果或捕鱼。劳动之余三三两两地来到海边的沙滩上轻歌曼舞,悠扬的乐声久久地回荡在海空。直到月儿偏西、日出前夕,才回到各自的住处。对外界来说,这个宁静的海岛充满了神秘之感。

185. 宁塞依斯岛人的生活习惯是怎样形成的?

宁塞依斯岛民有着"日落而作,日出而眠"的生活习惯,这种生活习惯是怎样形成的呢?原来,这个岛并不是什么"世外桃源",居住在岛上的部落是一个病态的部落。

由于地理位置和历史的原因,岛民的婚配几乎全有亲缘关系,有的家庭夫妻双方甚至代代都是血亲。这种多代近亲婚配,导致了一种罕见的隐性基因遗传性疾病——白化病。白化病患者不能像正常人那样,把形成黑色素的物质转变为色素沉积在皮肤、头发和眼睛的虹膜中。由于缺乏这种黑色素,人的头发、皮肤、眉毛都是雪白的,正像神话中的"雪人"那样。这种"雪人"经不得日晒雨淋,因为缺乏黑色素,阳光的照射会引起皮肤溃烂发炎,日光中的紫外线也能灼伤眼睛。因此,岛民都惧怕阳光,只有晚上才能出来活动,这样便形成了昼伏夜出的生活习惯。

186. 健身美容之岛是哪个岛?

在意大利南部,有个不大的海岛,叫帕尔卡罗岛。这里并没有高山积雪、奇秀山峰,也没有参天林木和潺潺河川,但却是世界有名的旅游疗养胜地。是什么东西吸引了众多游客呢?原来是十几个烂泥塘。所有游客一见到这些泥塘,都会脱光衣裤,笑着叫着地跳进烂泥里,全身滚个够,个个变成泥人,有的一泡就是一整天。这些烂泥塘里的泥浆给这个岛创造了巨大财富!

这一现象引起了科学家的兴趣,他们实地进行考察,对泥巴进行化验,很快这个岛神奇的秘密被揭开了。原来这些烂泥塘里大有文章。由于这个岛火山经常喷发,熔岩中硫黄和其他矿物质含量很高,而这些矿物质对人体非常有益,烂泥可以治病,可以美容,也可以健身。用这些泥巴擦身不仅会使皮肤变得洁白细腻,而且能治疗腰痛。更奇妙的是,大胖子在泥里每天泡上4个小时,10天就能减掉20千克肥肉,是减肥的最妙办法。得皮肤顽症的,在烂泥里泡上十天半月就能根绝。难怪人们不顾一切地要跳到岛上的烂泥里面呢。

187. 西法罗尼亚岛上的毒蛇会聚会吗?

欧洲希腊南部地中海内有个小岛,叫西法罗尼亚岛。小岛方圆几十平方千米,有大山、河流,也有大片树林,是个风景很美的海岛。

在这个岛上,有件非常稀奇古怪的事情吸引着一些地理学家和生物学家。每年8月6日—15日,数以千计的毒蛇会从山崖树洞里爬出来,纷纷往岛上两座教堂爬去。它们盘在那里,逗留10天左右,然后离去。第二年同样的时间又会再来集会,成了一种独特的自然界奇观。

188. 毒蛇为什么会在教堂定期集会?

西法罗尼亚岛上的毒蛇为什么会定期到教堂集会呢?而且,更令人惊讶的是,数以千计来这儿聚会的毒蛇,在这段日子里格外温顺,怎么玩弄它也不会咬人。

这件事传到了动物学家梅森和戴维的耳朵里,经过充分准备,他们赶在8月6日—15日这段时间,专程来到西法罗尼亚岛。经过细心的观察,他们终于找出了西法罗尼亚岛上的毒蛇集会的谜底。说来有趣,原来8月6日—15日是毒蛇求爱婚庆的日子。毒蛇来到教堂,都是来"谈情说爱"的!根据梅森和戴维的分析,在毒蛇繁殖求偶季节,毒蛇之所以单单来到教堂,与教堂的地理位置和教堂的钟声有关。可能教堂钟声产生一种特殊声波,这种声波对蛇有刺激,而雌蛇尤为敏感。也许是地球引力或者是地热等因素,造成每年8月6日—15日教堂跟平时有所不同,产生对蛇的特殊诱惑力。到底哪种因素起主导作用,两位动物学家也无法肯定回答,也许得依靠别的科学家来揭开这个谜底了。

189. 欧洲传说中的独角兽是什么样子?

同咱们中国古代的传说一样,欧洲很久以前就流传着独角兽的故事,有关它的记载也可追溯到公元前400年。说有人见过这种兽角,它洁白光滑,呈圆锥形,是被海盗带上大陆的。但当人们问起此角来源时,海盗们却讳莫如深,不肯吐露。因此这长角的动物激起了人们的各种猜想。后来,关于独角兽的种种传说更是披上了神秘色彩。有的文学家在书中把它描绘成前额长着一个长角,敢跟老虎、狮子、大象搏斗的猛兽。还有人把它描绘得凶猛强悍,能飞,猎人根本看不到它。可当怪兽看到美丽的姑娘时,会主动走到姑娘跟前,躺到她的脚下,十分温顺。因此,人们把独角兽和处女比喻为耶稣和圣母玛丽亚。人们还传说,神秘独角兽头上的角,有防治疾病和解毒的功效。因此,用它雕刻成的酒杯、盅、碗等器皿,被那些贪生怕死的皇宫贵族们视为珍宝,它的价值也与日俱增。传说尽管流传了几个世纪,但独角兽到底是啥样,谁也没有见过,始终是个不解之谜。

190. 巴芬岛的"独角兽"是如何被发现的?

北极附近的巴芬湾以西,哈得孙海峡以北,有个长约1600千米,宽约800千米的岛,它就是世界第五大岛——巴芬岛,是加拿大领土。这里是世界上第一个发现独角兽的地方。

1577年6月,探险家马丁·弗罗比舍一队人马去北极考察时,遇到了风暴,他们登上了这个冰天雪地、荒无人烟的巴芬岛避难。他们找了个避风较好的岩洞,暂时安顿下来。突然,一个队员惊叫起来:"天啊!怪兽!"马丁立即从岩洞里钻了出来,在那个惊叫的队员跟前,有一条硕大的、体形特别古怪的"死鱼"。它的身体圆滚滚的,就像一条海豚,一只长达2米的独角破唇而出,洁白无瑕,活像一只大象牙。马丁被眼前的怪物迷住了,忽然想起欧洲人的传说,莫非这就是独角兽吗?为了要证实一下眼前的怪兽是不是独角兽,他马上想到可以用这只独角来解毒。于是,他跟队员们在岩洞里捉了一只剧毒的过冬蜘蛛,把它塞到独角孔里,约莫过了10分钟,毒蜘蛛果真死去了。幸运的避难者欣喜若狂,他们在九死一生中发现了珍宝。

马丁·弗罗比舍的船队回到欧洲后,向人们郑重宣布:传说中的独角兽被他们找到了,它是真实存在的。他们把那只珍贵无比的独角献给了英王伊丽莎白。从此,在世界上传说了几个世纪的神奇动物终于被证实了。

一角鲸

191. 独角兽到底是一种什么样的动物?

16世纪中叶,科学更加发达,一批动物学家对独角怪兽发生了兴趣,他们终于在北极找到了这种怪兽的栖息之地，从而揭开了怪兽的真实面目。原来，它是一种鲸，叫一角鲸。一角鲸的角，实际是雄鲸左上颌的一颗牙齿，当雄鲸性成熟时，这颗牙齿像螺旋一样朝左扭着向前生长。一角鲸长5米～6米，这颗牙可长达3米。过去人们一直误认为是角，所以叫它一角鲸，其实应该改叫它"独牙鲸"。长期以来，科学家们对一角鲸的这颗巨牙到底起什么作用众说纷纭。有的说，是鲸潜入冰层需要吸氧气，用这颗牙来破冰捅洞，起着冰镐的作用。还有的科学家说，这颗牙是用来翻砂寻食的。近几年，有些科学家又有一种解释，说这颗巨牙是生殖季节雄性鲸之间为了争夺雌鲸而进行格斗的武器。为什么至今没有一种肯定的说法呢？这是因为一角鲸是珍稀动物，又生活在北冰洋，因此很难遇见，这给研究它的习性带来了一定的困难。

192. 丹老群岛在什么地方？

在孟加拉湾东南、缅甸南端以西，有一个美丽富饶的热带海域，叫安达曼海。海域中岛屿星罗棋布，温暖的海潮昼夜不息地冲刷着怪石嶙峋的岛岸。这片海岛就叫丹老群岛。丹老群岛是缅甸的领土，面积3500平方千米，岛上生长着热带森林，渔业非常发达，而且盛产珍珠。在这风景如画的群岛上，世世代代生活着塞罗人。他们人数很少，生活方式奇特，曾经被人们称作"海上的流浪者"。

193. 塞罗人为什么不肯定居？

丹老群岛上塞罗人的祖先，据说是从缅甸迁移过来的,"塞罗人"这个词在缅甸语中是"咸水里的人"。也有的说,他们原先是个独立国家,后来因被其他民族入侵而灭亡了。

塞罗人的生活极其特殊,他们不耕不种,不食五谷杂粮,只吃从海中捞上来的动植物。他们也不纺不织,靠贸易换取遮身衣服。塞罗人最大的特点是不肯定居。每家只驾一只轻快小船,成年累月在群岛之间漂泊、采捞、生儿育女,只有季风来临时,汹涌的海浪才能迫使他们靠在岛上避难,临时居住一段时间。这是为什么呢?据说他们的祖先也曾在岛上定居,在岛上种庄稼,种椰树和香蕉。可是丹老群岛海盗相当猖獗,塞罗人种的东西和积累的家产全被抢光,人也被杀。长期的恐惧生活使他们不敢在岛上居住,久而久之,他们就以船为家,在海上漂泊了。曾经有好几个传教士,怀着拯救他们的好心,去说服他们在岛上定居,但都没有成功。缅甸政府也多次派工作组去帮助和说服他们上岸,也没有成功。

194. 塞罗人的婚俗是什么样子的?

在季风来临时节,丹老群岛的塞罗人就上岸避难,这时一般都以 30 家～40 家为一群。临时建起高脚屋,用来避风。避风的日子也是年轻男女谈情说爱、娶妻迎嫁的最好日子。

塞罗人几乎没有什么文化,但有一种技能是独特的,那就是造船技术。他们的船虽然原始,但造得结实精致,而且不用一颗铁钉子。男人们视造船技术为看家本领,谁不会造船谁就连老婆也找不到。他们的木船叫"克宾",新娘子就住在父母的"克宾"上。这时新郎官最焦急的事,是造自己的"克宾"。一旦有了自己的"克宾",他们就同父母分开,住到自己的"克宾"上了。塞罗人实行一夫一妻制,但一旦妻子死去,男方就可再娶新娘。求婚方式非常简朴,只要把用植物编织而成的腰带送给姑娘,姑娘收下便可成亲。塞罗人虽然漂泊在海上,但死后尸体一定要送到荒岛上,不能抛到海里。

195. 斯里兰卡为什么不准动土?

在浩瀚的印度洋北部,有一个美丽的岛国,像一颗珍珠镶嵌在印度半岛的南端,它就是素有"印度洋珍珠"之称的斯里兰卡。斯里兰卡面积65610平方千米,首都是科伦坡。这个岛国四季常青,茶叶、橡胶和椰子号称斯里兰卡的三宝。奇怪的是,斯里兰卡的法律规定,除了正常的耕种活动以外,不经政府许可,谁都不准动土。

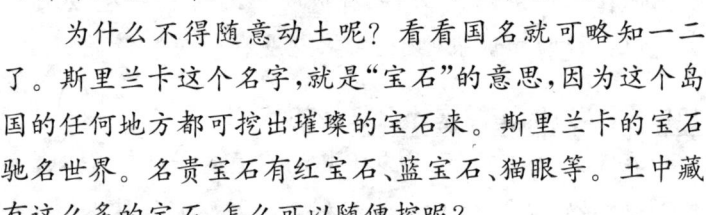

为什么不得随意动土呢?看看国名就可略知一二了。斯里兰卡这个名字,就是"宝石"的意思,因为这个岛国的任何地方都可挖出璀璨的宝石来。斯里兰卡的宝石驰名世界。名贵宝石有红宝石、蓝宝石、猫眼等。土中藏有这么多的宝石,怎么可以随便挖呢?

196. 斯里兰卡岛的宝石是怎样形成的?

斯里兰卡的宝石如此之多,缘于它独特的地质构造。斯里兰卡岛的地质构造非常复杂,水火交融,历经沧桑。几亿年以前,它还沉在海底,大量放射虫类、海绵类动物栖息其间,死后堆了一层层的硅质尸骸。后来海底火山爆发,灼热的熔岩又重新覆盖着这些沉积物,高温高压融

海洋地理

合不断地改造着这些硅质。经过几次喷发和熔融,那些沉积物已面目全非,最后组合成特殊的晶体,变成了光怪陆离的石头。一些石头又因渗入不同的金属而呈现五彩缤纷的色调,如纯净的刚玉是透明无色的,硬度仅次于金刚石,但混入少许铬便染成红色,成了红宝石,混入钛而成蓝宝石,混入铍、铝而成绿宝石……随着地壳运动,斯里兰卡从海底隆起成为陆地,也把那些含有宝石的矿层带了上来。风雨剥蚀着岩石,有些宝石露出地面又被流水冲到谷地,于是,斯里兰卡"遍地有宝石"的美名便传遍世界了。其实,哪有这么容易就找到一颗宝石啊!

197. 斯里兰卡有多少种宝石?

斯里兰卡不愧是"宝石岛",它出产有22种宝石呢,其中,"猫眼绿"被列为国石,它实际上是上等的绿柱石,平时碧绿剔透,光照时则出现猫眼幻象。变色金绿宝石,白天为翠绿色,夜晚在灯光照射下金光灿灿;紫翠玉白天是紫绿色,灯光下变成紫红色;还有彩虹一般的尘晶石;可以"镇惊"的乳白色长月石等等。目前国际上通称的"印度宝石",实际上大多出自斯里兰卡。如美国收藏家私藏的一颗重466克拉的蓝宝石,就是1907年在斯里兰卡发现的;大英博物馆收藏的一颗重43.16克拉的紫翠玉,以及纽约自然博物馆珍藏的"印度之星"(星蓝宝石),都来自斯里兰卡。

198. 斯里兰卡的"镇国之宝"是什么?

斯里兰卡中部古都康提是个群山环抱、绿树掩映的游览胜地。这里有著名的皇家遗宫,也是宗教中心。它的艺术、宗教和建筑都别具特色。这里有个闻名遐迩的佛牙寺。相传佛祖释迦牟尼圆寂后，留下的牙齿中，一颗左犬齿供奉在婆罗摩多陀国，后来转到斯里兰卡，成了"镇国之宝"。至今，斯里兰卡凡新当选的政府首脑，要做的第一件大事，就是前往康提朝拜佛牙。公元364年斯里兰卡赠送我国的玉石佛像高1米多，被称为当时艺术的"三绝"之一，现在还陈列在南京的瓦宫寺里。

199. 有名字相同而位置不同的岛吗？

说起来很有趣，世界上竟有两个名字相同，而地理位置不同的岛，它就是梅尔维尔岛。一个梅尔维尔岛属澳大利亚岛屿，位于西北海岸外之帝汶海上，中间隔克拉伦斯海峡，西隔阿帕斯利海峡与巴瑟斯特岛相邻。面积5800平方千米，地势低平，有林木覆盖的山丘与红树林沼泽地相间，是土著居民保留地。另一个梅尔维尔岛，是北冰洋上帕里群岛中面积最大的岛。长221千米，宽48千米～219千米，面积4.2万平方千米，属加拿大西北地区富兰克林小区。这个岛上有很多丘陵，部分地区还被冰覆盖，而且盛产麝香牛。

200. 塞舌尔群岛有"黄金坚果"吗？

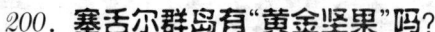

塞舌尔群岛在印度洋的西部，位于坦桑尼亚与印度尼西亚之间的航线上，它的东北面是马尔代夫群岛，东面是查戈斯群岛。印度洋上的塞舌尔可谓地球上的天堂，蓝天、碧水、阳光、沙滩、海风……除此之外，岛上有一个古老而真实的传说，传说这种坚果壳内的水能够中和各种毒素，是世界上最好的解毒药物，也是预防各种疾病的万灵

海洋地理

塞舌尔群岛

药。16世纪前,欧洲人从来就没有见过这种坚果树。在16世纪的时候,葡萄牙航海家们把这种神秘的果子带到了欧洲,说它是一种能治百病的灵丹妙药,并且传得神乎其神。这个消息传到德国皇帝的耳朵里,他很想长生不老,便千方百计想弄到这种坚果,提出愿意出4000盾(约相当于120千克的黄金)来换取一碗这种坚果的果汁。但葡萄牙人仍然不肯出售这种神奇的果子。今天在伦敦、维也纳、德累斯顿的博物馆里,都展出了当年盛这种坚果果汁的容器,这些容器都相当华贵精致,全是金银制作的。

201. 黄金坚果是如何发现的?

由于坚果树古老而神奇的传说,在欧洲,一些国家把寻找这种树比作寻找黄金矿。英国曾派出许多探险家到世界各地的海岛上寻找这种树苗或果实,企望能运回国内种植。

1609年,英国一支探险队到了非洲,听人说这种黄金坚果产在塞舌尔群岛,于是马上来到群岛。可是他们寻找了很长时间,一只果子也没有见到,更不用说见到这种果树了。原来,他们未能到普拉兰和马埃这两个岛上去,而这种黄金果偏偏只有这两个岛上才有。1768年欧洲探险家又出发寻找这种黄金坚果,他们再次来到塞舌尔群岛,终于在一种棕榈科的树体上发现了尚未成熟的坚果(后来被命名为"海椰子")。这些探险家在塞舌尔群岛上收购这种果子,贩运到欧洲,在黑市上高价出售,当时,最便宜也要2千克～3千克黄金换一碗果汁,因此也确实有人发了大财。

202. 黄金坚果为什么如此珍贵?

塞舌尔群岛上的黄金坚果真的是能解百毒、治百病的灵丹妙药吗?当然不可能。但它的确对人体健康有益,是一种珍贵稀少的树种。海椰子树的果子结得很少,但也不至于昂贵到120千克黄金换不到一碗果汁的程度。

目前,塞舌尔政府非常重视海椰子树的开发,把它当成国宝。因为全世界唯有塞舌尔生有这种树。据说在普拉兰岛有个植物园,18公顷的植物中,海椰子树就有4000多株。这种树相当高大,树干高达31米。每片树叶长达7米,一片就能盖一间房顶。但每棵树一年只能生长3片～4片叶子。海椰子树的果子相当大,每个长达75厘米,重达9千克～13千克。果实呈绿色,含有甜味油汁,成熟时果壳坚硬,几乎像象牙一样结实。据说,30年以上树龄的树才能结果。这种被誉为黄金坚果的海椰子树是世界上最稀有的树种。政府为了控制这种树种的外流,规定严禁出口这种植物和果实,外国游客若想带出还需持有当地政府的许可证。物以稀为贵,它至今仍然是世界上最昂贵的果实之一。许多旅游家和文学家至今还是把"海椰子"称为"黄金果"。

203. "椰子之国"是指哪个国家?

菲律宾位于亚洲东南部的菲律宾群岛上。全年平均气温在26℃左右,降水量在2000毫米上下。这种优越的气候条件,使它成为热带水果——椰子的最大生产国和出口国。在菲律宾,几乎到处可以见到椰子树,全国约有三分之二的人口直接或间接从事椰子生产。世界市场销售的椰子有四分之一来自菲律宾。那么,你知道它每年的椰子年产量是多少吗?据统计,它每年生产的椰子足够供应全世界每人3个,因此,菲律宾有"椰子之国"的美称。

204. 斐济是"长寿之国"吗?

在南太平洋上的岛国斐济,全国人口并不多,只有68.6万人。但令人惊奇的是,这个国家至今没有发现得癌症的人。人们给了斐济"长寿之国"的称号。斐济人为什么这么长寿呢?据考证,这可能是因为斐济人有吃杏干的习惯,杏干里含有丰富的维生素 B_{17},而这种维生素 B_{17} 具有明显的抗癌作用,所以,斐济人不容易得癌症。因此,斐济人的平均寿命就很高。

205. 为什么称爱尔兰为"绿宝石岛"?

爱尔兰是西欧的岛国。由于受西风和北大西洋暖流的影响,它冬季温和多雾,夏季却很凉爽,全年雨水比较均匀。这种气候不利于农作物的成熟,但却有利于多汁牧草的生长。所以,爱尔兰全国80%的国土是草地,它遍地碧草如茵,常年葱绿。无论何时踏上这个国家的土地,人们见到的总是一片绿色。因此,人们给它起了一个美丽的称号——"绿宝石岛"。

206. "香料之岛"在什么地方?

在西印度群岛中的格林纳达,气候条件优越,土壤肥沃,盛产各种热带作物。其中肉豆蔻产量占世界总产量的三分之一左右,是世界上最大的肉豆蔻产地。而肉豆蔻是一种木本香料作物,它的种子和种皮中含有浓烈的芳香,可以作为香料的原料。所以,格林纳达人民自豪地把自己的国家叫作"香料之岛"。

207. "飞鱼之国"巴巴多斯在哪里?

在位于西印度群岛最东端的巴巴多斯沿海一带,有许多珊瑚礁,也是飞鱼最活跃的地方。渔民们每天出海作业,主要是捕捉飞鱼。在巴巴多斯国,人们非常喜欢吃飞鱼,而且那儿的厨师也大多是烹饪飞鱼的能手,用飞鱼制成的菜还是巴巴多斯的名菜之一呢。因此,巴巴多斯有"飞鱼之国"之称。

208. 古巴为什么有"世界糖罐"的称号?

同前面的"香料之岛"格林纳达、"飞鱼之国"巴巴多斯一样,古巴也是西印度群岛中的岛国。古巴面积不大,却是世界上生产蔗糖的主要国家,年产量一般都在600

万吨左右,最高年产量可达850万吨,差不多平均全国每人1吨糖,是世界上按人口平均产糖最多的国家。所以古巴有"糖国"的称号。又因为古巴生产的蔗糖主要向国外输出,它是世界出口蔗糖最多的国家,因此,古巴又有了"世界糖罐"的称号。

209. "猴岛"在哪里?

1938年,英国人卡盆特从亚洲南部买来了几只猕猴,经过健康检查后标明记号,送到离加勒比海相托里科海岸约1000米的一个小岛上。大半个世纪以来,这群猴子在只有15.5公顷的小岛上生殖繁衍,使这个小岛成为世界闻名的"猴岛"。无数只猴子在绿树葱葱的岛上玩耍嬉戏,这儿简直是猴子的乐园。"猴岛"不仅是动物学家观察研究猴类生活习性的场所,也是旅游爱好者颇感兴趣的游览胜地。

210. 世界上有"猫岛"吗?

在南极圈里有一座终年积雪的马里恩小岛。1945年的一天,一艘探险船靠岛时,发现从船上窜出几只老鼠,钻进小岛。想不到这些老鼠3年后便成了一大群,到处作恶。岛上居民从大陆带来了5只家猫,让它们来消灭鼠害。一晃30年,岛上的猫竟繁殖成6000余只的大家族,小岛也就成了"猫岛"。

在印度洋上的弗列加特小岛,也栖居着3万多只猫,它们成群结队地在岛上捕鸟抓鱼,也使这个小岛成为名副其实的"猫岛"。小岛何来这么多的猫呢?原来早在1850年,一艘海船不幸在此触礁沉没,船员们逃生来到这

个岛上,后因传染病全部丧生,然而随船员一起游往岛上的几只猫却能适应这座珊瑚岛的环境而生存下来。100多年来,它们以鱼、虾、海胆为食,繁殖后代,形成一个庞大的"猫族"。

211. 太平洋有个"龟岛"吗?

南美洲西部太平洋上加拉帕戈斯群岛,是个名副其实的"龟岛"。1825年9月,26岁的生物学家达尔文登上这个群岛,他称赞这座岛屿"好像是全体爬行动物的乐园"。"乐园"里的主人就是龟类。岛上除了有3种海龟外,还有许多陆龟。曾经有一艘海船的船员在这里没几天就捕获到大海龟700多只。虽然时间已过去近180年,如今岛上的海龟数量仍不减当年,最大的海龟重达250千克。

212. 巴西有个"蟹岛"吗?

在巴西北部沿海有一座"蟹岛",岛上虽然生活着一些珍禽异兽,但主要"居民"是螃蟹。有趣的是,岛上的螃蟹有一种选择良辰吉日"结婚"的习性。每当月圆时,螃蟹会双双对对地"翩翩起舞",交尾后钻入洞穴幽居。由于岛上遍地是厚厚的稀泥,尽管螃蟹到处都有,但也难以捕获。现在,这座"蟹岛"已被巴西辟为自然保护区。

213. "蜘蛛岛"在哪里?

世界上有"猴岛"、"猫岛"、"龟岛"、"蟹岛"等很多奇怪的岛屿。在南太平洋所罗门群岛中,还有一座"蜘蛛岛"呢,岛上满山遍野是大蜘蛛结的网。由于大蜘蛛结出的蛛网又韧又牢,甚至可以当做鱼网使用,因此,渔民们专门用树枝竹竿搭好架子,引大蜘蛛前来编织蛛网。没几天,一张张银白色的鱼网织成了。渔民们就用它来捕鱼,既结实又耐用。

214. 世界上有"鸟岛"吗?

世界上最大的鸟岛要数秘鲁的钦查群岛,其中一个岛上就集栖着600多万只海鸟。这里每天被鸟群吞食的鱼虾达1000多吨。可惜的是,由于受中美洲暖洋流的影响,自1957年后,不到几年时间,钦查群岛竟变成了无鸟的荒岛。

在西印度洋的塞舌尔群岛中,也有一座闻名世界的"鸟岛"。虽然它的面积只有0.4平方千米,却生活着350多万只海燕。每年夏末秋初,成群的海燕集聚在岛上配偶、产卵、育雏。尤其是在产卵的那段时期里,岛上遍地是海燕蛋。据报道,产蛋最多的那年是1930年,人们数了岛上的鸟蛋,足有416.5万只之多,因此小岛也被称为"蛋岛"。

215. 特立尼达为什么会被称为"幸运之岛"？

特立尼达和多巴哥是西印度群岛东南端的岛国。每年的6月—11月间,是加勒比海地区的飓风季节。这种飓风来自加勒比海以东的大西洋,它的风力经常达到12级,对加勒比海地区各岛都会造成巨大的自然灾害。飓风自东向西,进入加勒比海地区,最后到达中美洲的尼加拉瓜海岸,然后进入墨西哥湾。特立尼达和多巴哥由于位置偏南,正好离开了飓风的路径,受飓风侵袭较少,所以,特立尼达和多巴哥有"幸运之岛"的称号。

216. 有冰川和火山"和平共处"的地方吗？

堪察加半岛在亚洲东北部,是俄罗斯的远东地区。半岛长1200千米,宽100千米～450千米,总面积有37万平方千米,是俄罗斯最大的半岛。当人们登上这个半岛时,会发现许多大自然中很难相容的现象,在这里却比比皆是。堪察加半岛的地理位置靠近北极圈,岛上冬寒夏凉,高山上布满了大片冰川,是一个寒冷的世界。可是令人难以置信的是,半岛上又到处是火山和温泉,仅活火山就有28座,而温泉、喷泉数以千计。游客们经常可以看到在雪山冰川的背景下,喷泉热气腾腾,火山又在冒烟或喷出红红的火光和火山弹,冰川和火山正在"和平共处"。高山植物生长在海边,紫罗兰花盛开在温泉旁的雪堆里,百米外是冰天雪地,百米内却温暖如春,鲜花盛开。成群结队的海鸥常常在鱼背上进食。这些大自然中水火不相容的事,却在这里相处得相当美妙和谐。

217. 堪察加有个"动物死亡谷"吗?

在堪察加半岛,更令人惊奇的是有个被称为"动物坟墓"的山谷,许多活蹦乱跳的动物只要走进这个山谷,就会无缘无故丧生。这个死亡山谷在克罗诺基火山的山脚下,谷里堆满了各种动物的白骨,有鸟的、狐狸的,还有熊的,数以万计。据说还有30多个人先后因闯进此谷而丧命。这个山谷并不大,长仅2千米,宽100米～300米不等,但地势凹凸不平、坑坑洼洼,不少地方天然硫黄矿露出地面。令人称奇的是,距离"死亡谷"仅仅一箭之遥,而且没有高山和森林阻隔的村民,却不曾受影响,世代平安。很多科学家对堪察加半岛的这个奇怪的山谷进行了研究,但直到今天,人们还没有找到"动物死亡谷"的谜底。

218. 世界上还有多少个"死亡谷"?

"死亡谷"之谜不只是俄罗斯的堪察加半岛所独有,据说世界上另外还有三大死亡谷。第一个位于美国加利福尼亚州与内华达州相毗连的山中,这条"死亡谷"长达225千米,宽6千米～26千米不等,面积达1400多平方千米。峡谷两侧悬崖峭壁,地势十分险恶。美国科学家曾进行过冒险考察,发现里面是飞禽走兽的"极乐世界",光野猪就有1500多头,唯独对人类凶险,有不少找矿者死在谷里,加起来有100多人。第二条"死亡谷"位于意大利的那不勒斯和瓦维尔诺湖附近,它只对飞禽走兽有危害,人进去却太平无事。印度尼西亚爪哇岛上的那个"死亡谷"更令人奇怪。谷中共有6个庞大的山洞,只要人和动物靠近洞口6米～7米远,就会被一种神奇吸引力吸入洞内,再难逃出。山洞里何以会具有这种活擒生灵的力量?至今还是难解之谜。

219. 世界上还有食人的部落吗?

地球上至今有些地方依旧与世隔绝、人迹罕至,人们仍然过着原始生活。世界第二大岛——新几内亚岛西部由印度尼西亚管辖的领域里,有个地方叫阿斯马特三角洲,那里有2万名处于石器时代的原始部族人。他们是世界上残存的猎取人头的少数部落。人类发展史上蒙昧时代的各种生活画面,依然可以在这里看到。

据说这里部族之间经常发生械斗。猎人头的战争是残酷的。战前,男人们用赭石和石灰涂在独木舟上。战斗开始后,由部落的一个首领潜入丛林侦察,并在黑夜里把他们的独木舟推入海中。天一亮,偷袭者便分两路冲进对方房屋,不管男女老少,见人就杀,然后带着人头,高歌凯旋。人头是用竹刀割下的。人们把头皮剥掉,在太阳穴处挖个洞,然后把脑髓倒出来吃。下颌被切开,当即用作项链上的装饰品,头盖骨则拿回家挂在屋前。屋前的头盖骨越多越表示这家主人勇敢。虽然新几内亚岛上的食人部落还存在,但人们有理由相信,这些部落迟早会跟上人类文明的步伐。

220. 世界上还有"捕鲸人"吗?

印度尼西亚的拉巴拉岛渔民,是世界上唯一合法享有捕鲸特权的人。该岛位于巴厘岛以东900千米的火山岛之间,村民祖先原先住在500千米以外的斯拉维西岛,祖传以钩子捕捉鲸鱼,16世纪时迁移到拉巴拉岛。

有趣的是,过了400多年后的今天,岛民们仍然沿用祖传下来的捕鲸技术。每年5—9月早上6点开始,人们便来到海上,守船待鲸。当发出了捕鲸行动的动员令,靠鲸最近处的投枪手瞄准猎物,将带钩的标枪准确地投向鲸体。随后,水手们抓紧战机,10多只标枪一齐飞向鲸体,只可怜鲸体翻了几下就断气了,海面恢复了平静。渔民们牢牢捆住死鲸,挂于船舷边,唱着歌儿胜利凯旋。猎物的分配采取平均分配方式,谁也不会享受特权,谁也不会挑肥拣瘦。渔民的妻子们高高兴兴地把分到的肉拿到海里清洗干净,装进盆中用头顶回家。

据说,渔民每年仅需捕杀10多头鲸便足够他们整年食用。渔民们若要得到其他日常用品,便需在定期举行的集市上,以自己的鲸肉、食盐和石灰与山民交换。因此,这里的渔民沿袭着非常原始的生活习惯,就是"男人出海捕鲸,女人上山换粮"。生活虽显单调,却也自由自在,充满独特的情趣,还少了现代都市的许多麻烦,岂不乐哉!

221. 挨炮弹最多的小岛在哪里？

科雷吉多尔岛位于菲律宾马尼拉湾口的万顷波涛中，据江海之口，扼水陆要冲，是马尼拉湾的咽喉重镇。在第二次世界大战中，据说该岛平均每寸土地上落有两发炮弹或炸弹，每寸土地上都浸透着鲜血。不过昔日厮杀的战场今日已变成了旅游胜地。

科雷吉多尔岛历史上就是兵家必争之地。1898年美西战争后，美国在这个岛上兴建了要塞米尔斯堡，构筑了坚固的钢筋混凝土炮台和23个炮兵阵地。1922—1932年的10年间，又耗资在岛上开掘纵横交错的地道网，一直通进岛中马利塔山的底下。1941年日军长驱直入，想从水路攻下马尼拉，因此把科雷吉多尔岛看成眼中钉。在美国和日本争夺科雷吉多尔岛的战争中，这个小岛上爆炸了数以万计的炮弹。虽然日军占领了这个小小的海岛，但是，后来的战争中，日军最终还是被盟军消灭在这里。

222. 太平洋战争纪念碑建在哪里？

位于菲律宾马尼拉湾口的科雷吉多尔岛，曾经是世界上挨炮弹最多的地方。50年过去了，如今科雷吉多尔岛再也不是当年血肉横飞、硝烟滚滚的战场了。在弹痕累累的炮台和昔日盟国守军司令部的废墟中，耸立着为盟军战士树立的"太平洋战争纪念碑"。岛上填平了所有弹坑，栽上了各种各样的花木，整个海岛已变得郁郁葱葱、四季如春了。成千上万的游客来到这个小岛，并不是观赏景色，而是凭吊第二次世界大战的战场，追忆那些难忘的岁月。人们漫步在昔日的炮台上,抚摸着历经烟熏火燎的巨炮,拣几颗锈迹斑斑的弹壳,追思那些为反侵略战争而阵亡的勇士,向英灵表示崇高的敬意。

223. 汤加在哪里?

汤加与斐济是近邻,位于波利尼西亚群岛的西南部。汤加由170多个岛组成,其中一半以上是无人岛,常年有人居住的只有45个岛。全国陆地面积747平方千米。各岛屿自北向南散布在茫茫大洋之中,大体分东西两列,东列多为珊瑚岛礁,西列多为火山岛。汤加人民日出而作,日落而息,过着田园生活。由于电力供应不足,到了夜晚,万籁俱寂,到处黑黢黢的,就连首都多数街上也是漆黑一片。汤加的工业很少,所以几乎听不到机器的轰鸣声,而且汤加的电话也不到百部,因此,汤加被称为世界上没有污染的国家。

224. 汤加是大蝙蝠的天堂吗?

汤加最大的岛叫汤加塔布岛,东西长30千米,南北宽10千米。其他还有埃瓦岛、哈派岛和瓦乌岛等岛屿。这些岛地势都不高,被称为"山"的地方,还没有椰树顶端高。由于海浪的冲刷、海水的长期腐蚀,海岸上有千奇百怪的岩洞,而且常常是洞中有洞,洞洞相通,洞外有天。浪涛汹涌拍岸,海水穿洞飞向空中,再从几十米的高处直泻而下,在阳光下炫目耀眼,非常绚丽壮观。尤其是瓦乌岛,许多鳞次栉比的洞穴,外面奇形怪状,里面奥妙莫测,是个地下迷宫。许多胆大的游客乘小舟钻进洞穴,到处可以看到挺拔的石笋、倒挂的石钟乳,以及各种姿态的石柱,冰清玉洁,璀璨夺目。

但是在游这些洞穴时,千万别单独行动,因为这些本来就神秘莫测的溶洞,多数还是大蝙蝠的天堂。洞中生活着的千百只大蝙蝠,一旦惊飞起来,一片尖叫,横冲直撞,能把人吓得魂飞胆裂。这种大蝙蝠模样相当吓人,两翼伸开有1米多长。它们夜间飞出洞外,栖息在树上,一棵树上往往吊着上百只。天亮之后它们又会飞进洞穴,巢居在这些大海赋予的安乐窝中。这种大蝙蝠是世界珍稀动物,被列为保护对象。

225. 世界上体重最重的君王在汤加吗?

汤加王国已有1000多年历史,是个经历了4个王朝的历史悠久的大洋洲国家。19世纪英、美、德三国对汤加进行争夺,1900年汤加沦为英国的"保护国",直到1970年6月4日汤加才重新获得独立。

世界上大部分国家的审美标准是女子一般以腰细、苗条为美,但在汤加,人们却认为身体越胖越美。汤加人都很肥胖,在街上几乎见不到骨瘦如柴的人。据统计,这里男子平均身高达1.8米,平均体重81千克多。女人平均身高1.6米,平均体重72千克左右。在这里,要成为美女必须肥胖,脖子要短,不能有腰身,否则就得用布一圈一圈缠着胸脯,加以掩盖,曲线美在这里没有人欣赏。汤加的国王陶法阿豪·图普四世陛下,是全国肥胖冠军。他体重达199千克多。因他患有轻微的心脏病,医生建议他将体重减轻,维持172千克左右。他可是世界上体重最重的君王了。

海洋地理

226. 为什么汤加人如此肥胖?

汤加人以胖为美,为什么汤加人会如此肥胖呢?经过科学家调查研究,认为这主要是长期以薯类为主要食

物造成的。再加上终年气候温和舒适,汤加人又不喜爱体育活动,而且有日出而作、日落而息的生活习惯,睡眠时间过长,脂肪大量堆积,人不胖才怪呢。去过汤加旅游的人,都惊叹那里居民的食量。一个成年的汤加人一次可以吃一个十几磅重的大馒头。有时一桌筵席,会摆上25头烤猪、30只烧鸡、数十只蟹虾和成堆的馒头和蔬菜。十几个人席地而坐,用手撕扯着就大吃起来。吃饭时鸦雀无声,按照汤加人的规矩,吃饭时说话是不礼貌的。不过汤加人民勤劳善良,又十分好客,特别能歌善舞,因此,汤加又被誉为"友谊之岛"。

227. 什么是汤加"海人"?

在汤加的一些小岛上一些部族的人民还过着原始生

活。他们经常靠从浅水珊瑚中获得食品,因而潜水本领很高,有一种空手在海中捕鱼的绝活。人们把他们称为"海人"。

每当捕鱼时节,海人们便聚集在浅海珊瑚丛中,赤身裸体的男男女女,在大海里大显身手。海男海女们腰间扎网袋,钻到水下探鱼、追鱼、抓鱼,一串熟练的动作犹如特技表演一样,十分精彩。很快,海人们就能手里抓着鱼浮出水面。抓到的鱼有的一两千克重,有的竟重达几十千克。在周围食物不能满足需要时,海人部族就把两只独木舟捆绑在一起,扬帆出海,去寻找新的海岛,建立新的家园。他们过着田园牧歌式的生活,带着原始浪漫色彩。大自然也造就了他们不畏惊涛骇浪、无忧无虑、热情奔放的性格。但随着科学文化的发展,这种与世隔绝的生活正在逐渐被改变。

228. 汤加"海人"捕鱼的技巧是怎样练成的?

汤加岛上"海人"的捕鱼技巧非常娴熟,这与他们从小特殊的生活方式分不开。原来,"海人"部族的孩子一生下来就跟大海结下了不解之缘。在海人的部族中,不管谁家媳妇生下孩子,左邻右舍的人们就会闻讯赶来,到处高喊:"瞅瞅!瞅瞅!"这种怪声是模仿海豚的叫声。孩子到了2岁,便要下水学游泳,有的生下才几个月,就被父母用手托着在海里学游泳。孩子过了3岁,即使从木房上掉进水里,大人们也不去救,而是让他们自己游上岸来。正是这种特殊的生活方式,才使每个人都学会了潜水、游泳,而且一个个都成为高手。汤加"海人"虽没有太高的文化,但他们从小就培养孩子独立意识的方式,还是蛮值得人们称道的。

229. 世界上最小的岛国在哪里?

在浩渺的太平洋西部密克罗尼西亚群岛中,位于赤道以南53千米处有一个珊瑚岛,这就是在1968年1月31日宣布独立的瑙鲁共和国。它的全国面积只有21.1平方千米,仅为我国面积的四十四万分之一,人口共约1.3万人,是世界上最小的岛国。

由于面积太小,所以在一般世界地图上只能用一个针眼大小的黑点来表示,很不容易找到它。在全世界42个独立的岛国中,瑙鲁是最小的一个。全国没有河流,仅有一个小湖(布阿达潟湖),全国只有一条公路(环岛),一条铁路(窄轨),一间商店,一间邮局,一间旅馆,一个港口,两间饭馆。这个国家还没有军队,所拥有的全部武装力量是60名警察。

230. 瑙鲁是世界上最富有的国家之一吗?

世界上最小的岛国——瑙鲁虽国小人少,却是世界上最富有的国家之一,在世界众多富有的国家之中,堪称佼佼者。1981年,瑙鲁人均国民生产总值就高达近2万美元。瑙鲁的主要财富,来源于岛上丰富的磷酸盐矿——长期堆积的鸟粪经过矿化作用而形成的优质天然磷肥。磷酸盐矿给瑙鲁带来了巨额的收入,使得这个最小岛国的福利事业发展非常迅速。全国实行普遍免税,在居民的住房、电灯、电话、医疗、入学、养老等方面,也普遍实行了免费。高档家用电器家家都有,豪华别墅随处可见,高级轿车每3人就有1辆。这众多的汽车假如都拥挤在全国唯一的一条环岛公路上,其速度恐怕比步行还慢。过去,英国人曾把瑙鲁改名为"舒适岛",从这里,也可窥见瑙鲁富有的程度了。

231. 瑙鲁的"粪土能成金"吗?

从飞机上看瑙鲁,它就像是白金圈中镶嵌着的一颗绿宝石,美丽极了。那白金圈就是环岛堆积的白色珊瑚碎屑;那颗绿色的宝石就是岛上的树木和绿色作物。全岛的最高点只有海拔64米。

瑙鲁的财富是从哪里来的呢?是每年大量鸟群飞到这里留下的鸟粪和鸟蛋!厚厚的鸟粪层经过地质时期的沉降和抬升作用,变质形成了很有价值的磷酸盐矿。这真可谓粪土能成金。瑙鲁全岛面积的六分之五覆盖着厚达6米～16米的磷酸盐矿层,磷矿石含磷量高达37%,是世界上磷矿的重要产地。瑙鲁每年出口200万吨矿石,按每吨90美元计,共约1.2亿美元,这就是瑙鲁的国民总产值。如果按人口平均,每人每年的收入近2万美元,所以它成了世界上最富有的国家。遗憾的是,随着现代化的到来,如今的瑙鲁岛上,几百万只海鸟云集的景观已不复存在,只有一种被称为导航鸟的鲣鸟还聚集在这里。因此,岛上的鸟粪也会越来越少。

232. 瑙鲁为什么被称为"无土之邦"?

瑙鲁的总面积仅有21.1平方千米。这个国家虽然遍地是磷酸盐矿藏,但没有土地,不能从事耕种,食物只能依靠进口。瑙鲁人出口磷酸盐,却进口"土",把土填在

废弃的矿坑里,以造成土地,种植食物。因此,瑙鲁被称为"无土之邦"。除了没有土,他们还缺淡水。别看瑙鲁在汪洋大海之中,岛上却没有河流湖泊,最缺的是淡水。人们基本靠天上的雨水生活。珊瑚岛的地层是透水层,雨水虽多但存不住,全部渗透到海里。因此,瑙鲁家家户户门口放着一排排比浴缸还大的贝壳,你可不要以为它们是装饰品,这些贝壳可是用来积存雨水的。

233. 有比瑙鲁更小的"岛国"吗?

世界上还有没有比瑙鲁还要小的岛国呢?说起来让人难以置信,在巴哈马群岛之中还有一个由兄弟俩组成的"国家"。这个"岛国"面积只有3300多平方米。岛上除石头之外,一无所有。"岛国"取名为铁伯兹·费尔德共和国。

这个"国家"是怎么成立的呢?它是1988年锡德·亚伯拉罕和曼尼·亚伯拉罕兄弟俩花2万美元向巴哈马买下的一个小荒岛。这对兄弟原本生活在美国布鲁克林

城,经营油漆公司。两位年近七旬的老人有点厌世了,想过世外桃源生活。于是变卖了财产,买下了这个袖珍小岛,同时宣布成立"共和国"。哥哥出任"总统",弟弟出任"总理"。遗憾的是,该共和国的公民仅有总统和总理两人,老百姓一个也没有。锡德已离婚,曼尼的太太也已经过世。这个岛太荒凉了,没有水电设施。从1991年起,美国政府出资650万元援助这个离美国只有50海里的"荒岛小国"。作为报答,"铁伯兹·费尔德共和国"同意一旦美国和古巴开战时,美国可以在该岛建造空军基地。但由于这个岛国实在太小,而且形状很怪,岛上几乎都是高低不平的岩石,只有像阳台大小的一块平地,因此最多只能停两架直升机。兄弟俩还决定把"驻美大使馆"设在布鲁克林市他们居住的房子内。"总理"曼尼兼任"驻美大使"。

据说除美国之外,世界上没有一个国家承认这个"岛国"。如果"哥俩国"也算数,那么世界上最小的国家就不是瑙鲁,而是这个"袖珍岛国"了。

234. 岛屿能被"吃"掉吗?

在新西兰的北部,有一片数百平方千米的珊瑚岛礁,人们把它称为大巴里尔岛礁。20世纪60年代,一批科学家到那里考察,发现一些小岛礁在"漂移",而另一些岛礁则失踪了。这件怪事引起科学家们极大的兴趣,他们开始寻找小岛漂移、失踪的原因。

科学家经过很长时间的调查,终于揭开了秘密。原来,那些漂移的海岛的水下根基全被长棘海星吃掉了,那

海洋地理

些消失的小岛礁也是被长棘海星吃进肚子了。长棘海星是珊瑚虫的天敌,被称为"海中飞碟",它是海星类中最大的一种。据专家们观察,每只长棘海星一昼夜能吃掉2平方米大小的珊瑚。一块100平方米的礁盘,只要有两三只长棘海星,用不着多久就会被分化瓦解而失踪。据新西兰科学家统计,大巴里尔珊瑚岛礁已经有数百万平方千米的珊瑚礁毁在长棘海星口里,而且被毁的速度相当惊人。长棘海星成了珊瑚岛礁的一大害。

珊瑚礁是自然界赐给人类的"海底花园",它不但美化了海岸,给人类带来美的享受,而且它对堤岸和岛岸起着保护作用。哪里的岛岸或防波堤有珊瑚虫繁殖,哪里就非常坚固。因此长棘海星带来的破坏,不能不使海洋科学家将其当作重大问题来加以解决。

235. 比基尼岛是最"灾难深重"的地方吗?

比基尼岛位于马绍尔群岛的最北端,是一座由23个珊瑚礁岛屿组成的环礁岛。岛中间有个大潟湖,湖长35千米、宽17千米。过去这个海岛曾经是风光优美、盛产金枪鱼和椰子的美丽小岛。谁料想,这个美丽的小岛却被美国作为了核试验基地。

1946年7月1日,一架B—27型轰炸机出现在比基尼岛上空,飞机肚皮下的弹舱打开了,一个巨大的黑色东西以每小时480千米的速度落向环礁潟湖内。这坠落的黑东西在150米的高度上爆炸了,发出一道强烈闪光和天崩地裂的巨响。这次爆炸标志着美国在太平洋进行的核试验开始了,从此世界上知道了太平洋之中有个神秘的比基尼岛。而从前美丽寂静的比基尼岛上,花草树木、兽鸟鱼虫和房屋顷刻间化成灰烬,只是潟湖内多了一个直径1.6千米的大弹坑。1954年,美国在比基尼岛上爆炸了一颗代号为"亡命徒"的氢弹。这颗当量为1500万吨级的氢弹是美国曾经生产过的威力最大的武器。爆炸时发出的强光有人形容为"西边升起太阳"。氢弹爆炸的碎屑散布到200万平方千米的海域内,使马绍尔群岛中的250个岛遭受污染,带来了一场大灾难……

美国在比基尼岛上共进行过23次核弹爆炸试验。数次核弹爆炸之后,比基尼岛变成了一个死光弥漫的鬼岛,成为世界上最"灾难深重"的地方。

236. 有会发出狗叫声的沙滩吗?

夏威夷群岛由夏威夷岛、毛伊岛、瓦胡岛、考爱岛等8个大岛和许多小岛组成。考爱岛是夏威夷的第二大岛,它是世界上降雨量最多的地方,号称世界"雨极"。岛的东北坡是全岛降水量最多的地方,每年有350天是雨天。相当奇怪的是,隔条山岭,考爱岛的西南部却是一片沙漠,降雨量不足东北部的4%。

更为神奇的是,人在这些沙丘上走动时,沙丘会发出"汪汪"的狗叫声;如果人在沙滩上奔跑,沙丘就会发出雷鸣般的声音,天气越干燥,它发出的声音越大。近年来科学家正在对这些奇怪的自然现象进行探讨和研究,但至今还没有可靠的答案。这些奇怪现象吸引了世界上数以万计的游客,使夏威夷成了神奇的旅游胜地。

海洋地理

237. 考爱岛古代有个小人国吗？

小人国的故事好像只出现在神话里，可是，在夏威夷群岛的考爱岛上，却传说真的有过小人国。地理学家们在考察夏威夷人类发展情况时发现，考爱岛人口约50万，是古代小人国所在地。传说中考爱岛是夏威夷人的祖先——曼涅胡内人的大本营，有50万人在那里住居。曼涅胡内人身高只有60厘米～90厘米，有人认为更矮，只有普通人的膝盖高。他们昼伏夜出，一般人很难见到他们。见到过曼涅胡内人的人们说，他们全身披毛，肌肉发达，身体滚圆，力气很大，面部肌肉红润光滑，浓眉下有对大眼睛闪闪发光，低低的额头上都是头发，鼻子短而坚实。这些人表面看去有点古怪可怕，实际上他们很快乐，非常善良，善于言谈，而且声音很洪亮。他们人虽矮，可是走路如飞，每天能绕岛走6圈，达150多千米。他们住的是洞穴，或者是用树叶盖的小房。他们吃生食物，还不会用火。曼涅胡内人不爱攻击和侵犯别人，相反却非常乐意帮助别的岛上搞建设。夏威夷群岛上遗留下的各种古建筑上，都有他们的智慧和汗水。

后来随着夏威夷人的失踪，曼涅胡内人也日益减少。当最后一位统治者卡乌姆·阿里执政时，考爱岛上曼涅胡内人只有1万余人了。

238. 曼涅胡内人为什么神秘地消失了？

以上有关考爱岛小人国的传说说得有鼻子有眼，那么到底有没有这个小人国呢？它为何又神秘地消失了呢？

长期研究曼涅胡内人的专家希洛阿提出了一个假设：夏威夷人的祖先迁来时，曼涅胡内人就已经在这里定居了。他们并不是神话中的那种矮人，而是普通人。曼涅胡内人分布于夏威夷各岛，后来夏威夷人的祖先把曼涅胡内人赶到森林茂密、人迹罕至的考爱岛上。数年之后，这些被排挤的曼涅胡内人后来又迁到山峦起伏、荒无人烟的尼豪岛和内克岛上去了。非常遗憾的是，考古学家始终没有在内克岛上找到曼涅胡内人的骨骸。希洛阿认为曼涅胡内人是被赶到夏威夷群岛的最北部而从海里消失的。

因为证据不足，也有许多科学家不信这种假说。但从考爱岛的考古中的确发现过矮人骨架，当然，到底是否曾经存在过小人国，仍在争论之中。

239. 世界上真有"袖珍人"种吗？

我们暂且不去讨论到底考爱岛上有没有过小人国，但人类中确有"袖珍人"种的存在。在非洲热带原始丛林中，有一个约15万人的原始黑人部族。这个部族的成人身高一般只有1米，最高也不超过1.2米，这个部族的人被称为俾格米人。他们世世代代都生活在原始森林中，从事游牧、狩猎和简单的原始农业劳动。据人类学专家研究，在人体内有一种称为I型类胰岛素生长素的激素，它分泌的多少，直接关系到身体的发育，而俾格米人的这种生长激素只有正常人的三分之一，因而他们体型矮小。再加上这些部族的婚姻都是近亲血缘繁殖，因此有可能一代比一代更矮。

这种种奇闻多少可以说明人种的多样化,人类在进化过程中由于受到种种大自然条件的影响,产生一些特殊性也是不足为奇的。从这个角度讲,考爱岛古代存在"小人国"完全有可能。

240."食人鼠岛"真的存在吗?

在浩瀚的太平洋上,有座面积只有10多平方千米的小岛。岛上曾发生过一起成群的大老鼠生咬死扯,活活将几名避风的船员吃掉的事件。

那是夏初的一个晴朗的日子,一艘走私船满载着各种货物和七八个走私人员,从菲律宾首都马尼拉出发,准备穿越太平洋,将物品销往美洲。途中,大风暴突然来临了,走私船只好临时在一个小岛上避风。第一个跳下船的船员刚刚钻进了树林子,就遭到一群体大肉肥的巨大老鼠的围攻撕咬。这些老鼠,每只体重少说也有两三千克。随后跟来的船员虽然拼尽全力救援同伙,可是老鼠实在太多,很快就把最初的那名船员淹没了,成群的老鼠横冲乱窜,船员们顷刻间有被吃掉的危险,这时几个尚未下船的船员带着枪前往救援。最后,在一艘过路货轮的搭救下,只有一个幸存者幸运地逃出了这可怕的"食人鼠岛"。

241."食人鼠岛"为什么有食人鼠?

太平洋"食人鼠岛"的事情引起了一个探险家的兴趣,他决定组织探险队前去探察一番,并设法借了一辆坚硬的水陆两栖装甲车,开了两艘结实的船朝太平洋出发了。探险队很快便找到了那座小岛。他们开船绕岛一周,选定一处较为理想的登陆点,将装甲车开到了岛上。岛上的老鼠见到装甲车,漫山遍野围了过来。探险队连忙对着成群的老鼠施放毒气。老鼠接触毒气后,死的死,溜的溜,装甲车总算碾开一条路,开到岛中间的一个荒废了的山洞前。

山洞洞门已被封死,门口长满了杂草丛茅。探险队用炸药炸开了洞口,入洞后他们立刻发现洞里遍地都是机械器材、导管、玻璃瓶子和口罩、皮手套之类。原来从1941年至1945年这几年间,日本帝国主义军队在这里进行过毒品试验。日军在这座太平洋的孤岛上,给大批带来的老鼠都注上了一种特制的毒液,放生在岛上。他们的用意本来是想看看老鼠中毒后的反应来测知毒品的效力,哪知毒液非但没有毒死老鼠,反而起到催化作用,一只只老鼠变得体大无比,而且十分贪婪凶恶,专门咬人、吃人。

这个秘密场所一直不为世人知晓。日军撤退时,想把岛上的老鼠消灭掉。但岛上洞穴极多,一时难以办到。幸存的老鼠一代一代繁衍变得越来越多。几十年过去了,岛上这些老鼠个头没有变,凶残的本性没有变,专门咬人、吃人的恶习也没有变。

242. 复活节岛在向智利海岸靠拢吗?

从智利首都圣地亚哥坐飞机西行约5个小时,便可抵达复活节岛。复活节岛位于南太平洋东部,南纬27度9分30秒,西经109度26分15秒。它的地形呈三角形,底边长24千米,右边18千米,左边16千米,面积为16628

公顷。由于太平洋板块在向南美大陆移动,复活节岛也以平均每年15厘米的速度向智利海岸靠拢。复活节岛是火山岛,岛上有许多火山,其中3座较大的火山是北部的特雷巴卡火山,东南部的波伊凯火山和西南部的卡乌火山。大约在1万年前,这些火山都曾活动过。

243. 为什么称复活节岛为"神秘岛"?

复活节岛是太平洋中极偏僻的一个岛屿,方圆近百千米,但是岛上却矗立着数百个人面巨石雕像。这些半身石雕像全都是长脸、高鼻、浓眉、长耳,有的列队眺望大海,有的东倒西歪。岛的东南部,有一座石头山,沟里还躺着上百个尚未完工的巨大石像,最大的一尊高22米,估计重量约有500吨。这里的古代居民在没有金属器械,只有石器的情况下,却雕出了如此多的巨大石头人雕像,不能不令人感到惊奇。而且,这些蔚为壮观的巨大石雕艺术群,历时千百年的风雨,仍矗立在岛上。在古代交通运输工具、制作工具都十分简陋落后的情况下,竟有如此壮举,迄今仍为世界不解之谜。此外,岛上还有许多古代居民留下的"会说话的木板",有的长达两米,两面用石器或鲨鱼齿刻满了象形符号,这些奇怪的文字至今尚未被破译。

复活节岛以多"谜"出名,一向是各国学者和旅行家的神往之地。尽管这里路远地偏,每年慕名而来观光、考察的人依然络绎不绝。相信总有一天,这许多的谜是会被解开的。

复活节岛上的巨石雕像

244. 复活节岛的"巨石像群"是怎么回事?

关于复活节岛上这些石像和木板上的"文字"的来历,人们曾作过很多推测,许多人认为系"外星人"所为。在"雷姆利亚大陆"之说中则认为,远在1万多年以前,南太平洋上有块古陆,它的面积比今天整个美洲还大。那时的大陆人口计有7000多万,居民有自己文明的生活,能够用巨石进行建筑,在很多方面,他们和南美的古印加人有相似之处。不幸的是,以后这里发生了海陆巨变,古陆沉没海底,仅东部的边缘部分即复活节岛得以幸存。现在岛上所遗留的石人巨像和其他古物,就是"雷姆利亚大陆"时代的遗物。这只是一种说法而已,从其所提到的1万多年时间概念判断,这块大陆几乎是不可能存在的。

245. "鸟人像"的传说是怎么回事?

在复活节岛上的奥龙戈火山附近,竖立着一尊"鸟人像"。关于这尊石雕,流传着不少有趣的传说。其中的一个传说是:过去,每当风和日丽的春天,岛上的男女老少

海洋地理

都聚集在这里,他们一边载歌载舞,一边等待观看第一个取回海鸟蛋的人。取海鸟蛋是一项很有趣的体育活动。当头领宣布活动开始以后,一批小伙子争先恐后地从200米高的悬崖上下到海里,顶着巨浪向数百米以外的几个小岛游去。他们上岛后拾取一枚鸟蛋,装在扎在前额的小篮子里,迅速返回,再攀上悬崖陡壁,爬到山顶,把鸟蛋交给他们的头领。谁第一个交上鸟蛋,谁就是英雄好汉,大家都向他祝贺。这尊"鸟人像"就是为纪念这项活动而雕刻的。

246. 复活节岛人是个怎样的民族?

复活节岛人是一个了不起的民族,他们的祖先创建了世界上独特的文明。当你同复活节岛人接触时,会立即产生美好的印象:无论男女老少,个个热情好客,勤劳清洁,体力超人。他们有棕色的皮肤,扁圆的鼻子和大大的眼睛。他们的形态近似东方人,与智利南部地区的马普切人相似。关于他们的祖先,考古学家有两种不同的见解:一种认为复活节岛人的祖先是波利尼西亚人;另一种看法是,他们是智利马普切人的后裔。

复活节岛妇女善于勤俭持家,男人是干活的多面手,他们种田、捕鱼、制造木船、纺织篮筐、雕制木器和石器。复活节岛的男人几乎个个爱好捕鱼,他们都有成天泡在海水里的本领。复活节岛人喜欢吃鱼和其他海产品,不少人爱生吃刚捕捞的活鱼,他们说:生的鱼眼、鱼头和鱼内脏最好吃!复活节岛人还很爱清洁,家家户户都把屋里屋外收拾得干干净净。居民天天换洗衣服,出门之前总要打扮一番,不把自己收拾得干净利落是不能出门的。

247. 复活节岛上的"锅烂多"是什么?

复活节岛人爱喝酒,而且酒量都很大。他们也喜欢吃烤制的食品,如烤面包、烤土豆、烤鱼、烤鸭等等。他们常常用来款待客人的美味食品是"锅烂多"。

"锅烂多"就是用锅把几种食物炖得烂烂的。下锅的配料基本上是三大类:一是肉类,牛肉或猪、羊肉均可,有时还加进一些肉肠之类的肉制品;二是鸡,切成大块;三是海产品,有鱼块、海蟹、虾、蛤蜊、蛏子、海贝等等。复活节岛盛产龙虾,一般都在"锅烂多"中加进几只。制作时先把配料洗净,放在锅里,加上佐料和几节甘蔗,放进适量的水,在火上慢慢炖,直到肉烂为止。吃时,把"锅烂多"盛到大盆里,旁边加上熟土豆、面包,然后放到桌子中央,供大家随意取食,味道十分鲜美。现在,这种食品也传到了智利大陆。令人特别难忘的是"锅烂多"的汤汁,这种呈可可色的原汤汁,喝起来特别醇香可口,而且营养十分丰富。去复活节岛旅游的话,除了欣赏那儿的"巨石像群"和木板上的"文字",可也别忘了品尝一下当地的"锅烂多"。

248. 复活节岛的物价有多高?

复活节岛东距智利大陆3700多千米,西北离法属塔希提岛4050千米,自古以来是个与世隔绝的地方。自从智利把它买下以后,这种情况慢慢得到改善。现在,智利政府每年派出几条运输船,运去岛民们所需的食品和各种生活必需品。另外,岛上每周还有两班飞机飞往智利首都圣地亚哥。随着交通的发达,岛上旅游事业也开始发展起来了。

但是,复活节岛是个物价昂贵的地方。无论吃的、用的、住的样样价格昂贵。到过复活节岛的外国旅游者都说,智利是世界上物价最昂贵的国家之一,而复活节岛又是智利东西最贵的地方。例如,在圣地亚哥花 12 比索可买 1 千克面包,而复活节岛要花 70 比索才能买到;一瓶可口可乐在智利大陆卖 15 比索,而在复活节岛则卖 170 比索。据不完全统计,复活节岛的东西比智利大陆要贵两三倍或四五倍,甚至十几倍。在那里住宿,一个单人普通房间,住四个晚上也要收费 600 美元。

为了发展当地的农牧业生产,复活节岛地方政府向居民发放了土地证。目前,复活节岛的羊肉基本上可以自给,水果和蔬菜也可以部分地满足居民的需要。

249. 为什么称尼豪岛为女性王国?

在茫茫的太平洋中的夏威夷群岛中,有一个不起眼的火山岛——尼豪岛。该岛面积仅有 186 平方千米,人口只有 300 多。就是这么个弹丸小国却拒绝了超级大国美国的兼并,并且由妇女统治了 100 多年,被人称为女性小王国。

该岛原属夏威夷国王梅亚四世统辖。1836 年,苏格兰一位贵族的遗孀辛克莱夫人以 1 万美元的代价从梅亚四世手中购得此岛,这位或许是厌倦了上流社会浮华虚伪生活的贵妇人带着十几名亲属和奴仆告别了英国来到小岛,岛上原来的 200 多名土著人成了她的臣民。30 年后,这位贵妇人溘然长逝,她在遗嘱中规定:这个小岛的继承权传女不传子,永远归辛克莱家族的女性统治。在她去世5年之后即1898年,夏威夷被美国兼并,但这个小小的女性王国并不听美国的号令,一直拒绝加入美国。该岛实行封闭政策,到目前仍禁止游客前往观光。岛上居民主要依靠畜牧业和捕捞海产品为生,过着自给自足的生活。全岛没有现代化的设施及建筑,也没有警察和军队。居民在接受8年制的义务教育后,可投考邻近岛上的中学,还可去夏威夷州首府檀香山(火奴鲁鲁)读大学。

250. 日本列岛会沉没吗?

1977年9月至12月,一支由日本、美国、英国、法国、德国和苏联等多国海洋科学家组成的国际海洋考察队,在执行国际深海钻探计划的时候,"格洛玛·挑战者"号考察船在日本海沟及其附近海域的十多个地方进行钻孔,获取了长达73米至1157米的地层样品。当科学家们对这些样品进行了详细研究后,不禁大吃一惊:原来这个靠近日本海沟的太平洋底部的深海古陆地,竟然在一两万年前还是一块高耸在海面之上的陆地!这一发现震动了日本地学界,使人们对日本列岛的过去和未来有了新的认识。一些学者更是惊呼:"日本列岛将要沉没!"

日本列岛究竟会不会沉没,若解开这个疑问,只有先弄清楚这个深海古陆是怎样沦为海洋的,这是人们关心的主要问题。对此,许多学者提出了多种解释,可是,疑问依然存在。要想解开深海古陆沉没之谜,看来还需要借助于后人的智慧。

251. 世百尔岛为什么叫作死神岛?

在加拿大的东岸,有个海岛叫世百尔岛,面积不大,

但航海家和船员们却称它为"死神岛"。据说每当航船驶到该岛附近时,就会像遇到魔鬼似的,船上的指南针、电罗盘都突然失灵,电子仪器会乱抖动。曾经有数十艘大小不同的船,莫名其妙地在这里遇难沉没。

为什么世百尔岛会出现死神呢?到底是什么魔鬼把航船弄到水下的呢?科学家们是不相信神鬼的,航海家和科学家组成了考察队,专门上世百尔岛进行勘查,结果找到了死神藏身的魔穴。原来是磁铁矿在这里扮演了死神,演出了一幕幕悲剧。世百尔岛海底有大量的磁铁矿,一旦航船靠近这个磁铁矿,指南针、电罗盘就会失灵。再靠近,到了磁性最强处,就把航船吸住,一个劲儿地往水下拖,直到紧紧地把船吸到磁铁矿床上,船员也就到了水下死神的怀抱里了。

252. 有会走路的海岛吗?

位于加拿大哈利法克斯东南200多千米的大洋上,有个面积80多平方千米的海岛,它东西长约45千米,南北宽只有2千米。这就是大西洋上有名的塞布尔岛。塞布尔岛是一个会走路的海岛,它一直不断地在大洋中浮动,形状、大小以及位置都经常发生变化。由于海湾和海流的冲刷,岛的西边日渐缩小,而东边却不断向外扩展,每年都有新的浅滩形成。据专家们测算,近200年来,该岛已东移了10海里,每年移动速度为230米,因此,有人称它为"会走路的海岛"。

253. 塞布尔岛的名字是什么意思?

塞布尔岛这个名字,英国人认为是"黑貂"的意思。

但使人无法理解的是,这个岛上不可能有黑貂。又有人说,可能是指岛的形状像黑貂。有些语言学家反对这种看法,认为取这个名字完全是历史的误会。以前该岛标的名字是"军刀",因为这个岛形状是两头尖、中间宽,这跟军刀形状是吻合的。于是有人认为是把"军刀"的一个字母写错了,"军刀"才变成"黑貂"。但现代许多地理学家和历史学家则认为这个岛是法国旅行家列里发现的。列里于1508年从欧洲到新斯科舍半岛的途中,发现了塞布尔岛,命名为"塞布尔",法语的含意是"沙子",因为岛上沙子很多,取名符合实际。

254. 塞布尔岛为什么被称为大西洋的坟场?

塞布尔岛位于世界上最活跃、最繁忙的航线上,也是大西洋中最危险的航道之一。它的最高点高出海面34米,岛的西端离海约7400米处,有个半咸的乌奥拉耳湖,只有1.5米~4米深,海浪时时越过沙滩进入湖中。航行在海上的舰船很难发现它,在最好的天气里,人们站在甲板上才能看到远方天际线上那条狭长的沙滩。这条沙滩好像变色龙一样,会随着海洋颜色的变化而发生相应变化。如果船长分辨不清,往往会驾船直向海岛驶去而误入险区。塞布尔岛海域还经常弥漫着层层浓雾,令人望而生畏,风暴一来更把人吹得晕头转向,这可能是舰船遇险的重要原因。其实,塞布尔岛上最大的危险,还是浅滩上那些变化无常的流沙,它像海洋中的"泥沼地",能够无情而且贪婪地吞没陷入其中的船舶,即使载重在5000吨左右的船,也逃不脱可怕的命运。陷入浅滩中的船两三个月内就会被"消化"得无影无踪。塞布尔岛的浓雾、风暴和海沙成了三根魔鬼的绞索，把数百艘舰船绞死在这个岛上。塞布尔岛因此而成为"大西洋的坟场"。

255. 现在的塞布尔岛是什么样子的？

塞布尔岛有"大西洋坟场"的恶名，更引起了世人的关注。人们要求在岛上建立灯塔和救生站。开始谁也不想永久占领这块不祥之地，更不愿掏钱去建灯塔。直到1800年初，一艘装有英国约克公爵珍贵物品的英国船，在返回伦敦的途中在塞布尔岛遇难。这一事件的发生触动了英国政府，它这才答应在岛上建造灯塔和救生站。如今塞布尔岛归加拿大所有，岛上已经设有水文气象中心、无线电站和灯塔。救生站有高速救生艇和直升机，救生人员经过专业培训。一到夜间岛上两座现代化灯塔闪烁着光芒，指引舰船航行。在风浪浓雾不大时，灯塔之光在16海里之外就可以看见。如今海岛也变美了，有树林，有野草，还有300匹驯化了的波尼马。今非昔比，塞布尔岛的危险在减少，安全性在增加。但大西洋给它送来的那三条魔鬼绞索却还存在，"大西洋坟场"的恶名并没有被人遗忘。

256. 赫库兰尼姆城在哪里？

风景如画的意大利亚平宁半岛中南部西海岸，有一座海拔1277米的维苏威火山。早在公元前四五世纪，火山西麓便诞生了一座小城——赫库兰尼姆。经过几百年的营建，赫库兰尼姆已初具规模，有巨石镶砌的街巷，有大理石雕塑的豪华的别墅，有可洗热水澡的澡堂，有土砖砌筑的商店，有土石夯筑的民居。小小的城里，虽然只有五六千居民,但在当时,也算是一处繁华之地。赫库兰尼姆的盛夏是多么的美啊!轻柔的海风,如洗的碧空;吆喝的车夫,驾驶着马车穿街而过;热情的伙计,接待着光临的顾客;三三两两的人群,谈论着地中海里出没的"美人鱼",或者是回忆着近邻古城庞贝昨晚搏斗场上血腥的厮杀。

257. 赫库兰尼姆城是怎样消失的?

公元79年8月24日下午1时,沉睡在赫库兰尼姆小城东郊的维苏威火山,突然发出接二连三的轰响,浓黑的烟柱冲天而起,直达万余米的高空,晴朗的天空顿时失去了太阳的光辉。"发生了什么事情?"赫库兰尼姆的居民先是惊奇,然后是恐惧、祈祷、奔逃。火山继续施展着它的淫威,以亿万吨计的火山砂砾和火山灰,像倾盆大雨般倾泻而下,城里一片昏暗,如同黑夜。第二天,维苏威火山又发生了更强烈的爆发,10米~20米厚的火山灰覆盖了赫库兰尼姆和庞贝,两座生机勃勃的城市顷刻间便消失在地中海畔。

258. 赫库兰尼姆城是如何重见天日的?

在赫库兰尼姆消失1300年后,一座叫"瑞森那"的城镇,在深埋着消失的赫库兰尼姆城的地面上建立起来。当时,人们从意大利的古书中,已经获悉有座名为"赫库兰尼姆"的古城被火山毁灭了。但是,时过境迁,有的人虽曾寻找过它,但没有找到。考古学家没有停止寻觅的脚步。赫库兰尼姆到底在哪里呢?

1709年,瑞森那的一个工人在打井时挖出一块大理石板断块,虽然它有部分残缺,但清洗之后仍然显示出它那"高贵的质料"和雕刻精细的图案。第二年,一个王子发现了被工人卖掉的那块大理石板块,他一眼便认出来:"这是古建筑物上的装饰物呀!嘿,是无价之宝!"王子马上派人到工人发现大理石板块的地方继续挖掘。结果发现地下确有一座古建筑,人们从它高高的墙上拆下了不少大理石板,并用那大理石板上精美的雕像装饰王子的新宫殿。1738年,一位国王雇用了一名工程师,在原地继续发掘,又挖出了一些石碑。从石碑上的铭文证实,地下的古城就是人们寻找的"赫库兰尼姆"。

1927年,考古学家对赫库兰尼姆遗址开始进行科学的发掘。他们小心翼翼地揭开地下"死城"的盖子,每挖到一所房子,都要在地图上标出准确的位置,做好精确详尽的记录。从此,消失了近1500年的赫库兰尼姆古城又重见天日。

259. 拿破仑在何处去世?

在波涛汹涌的南大西洋上,有一个122平方千米的海岛坐落在海中,这就是圣赫勒拿岛。它以1815年至1821年拿破仑一世被放逐并死于该岛而著称于世。

圣赫勒拿岛是一座死火山岛,岛上地势崎岖多山。1815年6月18日,拿破仑指挥的法军在滑铁卢战役中遭到惨败。滑铁卢战役失败后,拿破仑火速逃回巴黎,第二天就被迫再次退位。8月8日,"诺森伯兰"号巡洋舰把拿破仑载向圣赫勒拿岛。在圣赫勒拿岛,拿破仑度过了他生命中最后的一段时光,1821年5月5日,当圣赫勒拿岛上报时的炮声响过之后,拿破仑停止了呼吸。拿破仑死后遗体被葬在圣赫勒拿岛的"天竺葵"山谷的三棵垂柳旁,英国人在他的墓旁设了哨卡,派士兵轮流看守。直到20年后他的灵柩才从圣赫勒拿岛被接回法国,并为他举行了隆重的接灵仪式。拿破仑虽然死了,但他的名字将和圣赫勒拿岛一样永著人世。

海洋地理

奇妙海底世界

260. 人们是怎样"看"到海底的情况的？

在万顷碧波的覆盖之下，海洋底部是什么样子呢？海底被厚厚的海水所覆盖，肉眼是难以观察到的，那用什么办法才能看到海底的情况呢？你或许会说可以利用水下照相、水下电视摄像或水下探照灯，但这些只能使人们看到几米至几十米范围内的东西。那还有什么办法可以探测到较大范围的海底情况呢？用被称为"水下千里眼"的侧扫声呐的声波探测方法可以解决这个难题。

人们利用侧扫声呐发出与航行方向相垂直的扇形声束，当声束到达海底遇到障碍物时，就会有强的反射，而它们的背面由于声束照射不到，就会产生声影。当航行船继续前进，声束一道道地扫过，同时记录下反射和散射信号。根据这些信号，科技人员就可以"看"到海底的情况了。

261. 海底的地形是怎么测量的？

海底地形测量是测量海底地形起伏形态的工作，不过由于存在着厚厚的海水的缘故，人们想获取海底地貌形态信息，就要运用各种不同的方法了：首先是水面船只测量，测量船沿预定测量路线进行一系列的测量作业，它可以为编制海底地形图提供一些最基本的资料。然后是潜艇或潜水器测量，就是使用测量仪器靠近海底，探测海底详细的局部资料，一般的潜水器都备有摄像机，可以用水下立体摄影测量方法进行海底地形测量；此外还可以由潜水员或水下机器人携带水下经纬仪、水下摄影机等在海底进行地形测量。现在，随着遥感技术的不断进步，空中遥感测量也可以适用于水深浅于20米的沿岸海区的海底地形测量。虽然这些方法听起来很简单,其实每一项都涉及好几方面的技术和知识,所以如果同学们有志投身到研究海洋的事业中,那从现在起可就要好好学习了。

262. 什么是大洋钻探计划?

从20世纪中叶起,世界各国在研究海洋、开发海洋上都投入大量的人力、物力、财力,可海洋毕竟太大了,而一国的力量终究是有限的,所以各国进行了广泛的合作。大洋钻探计划就是其中之一。

这里所讲的大洋钻探计划是指20世纪80年代中期,为研究海洋洋底的地球构造和发育历史而进行的国际合作大洋海底钻探计划。参加大洋钻探计划的有美、英、法、德、加、日等国家组成的国际财团,由美国十大海洋机构组成的地球深层取样联合海洋机构支持并组织实施。他们使用"决心"号钻探船,从北大西洋开始钻探海区,经地中海西部到印度洋,然后由西南太平洋、西北太平洋转向东太平洋。先后在920多个站位上钻探了1900多个不同深度的钻孔,共取得了183多千米的岩心标本。通过对钻探所获取的各种资料的研究,科学家们取得了很多重要的科研成果,使人们对于岩浆的形成过程和地壳的结构等认识又深入了一大步。

263. 海岸的泥沙石子从哪里来?

整个地球的各个大陆都是由浅海陆架包围着,它们就像平坦的水下平原,在它的最上面盖着一层厚厚的泥

沙石子。这些泥沙石子，有的是江河入海时带来的，像我国的黄河入海时带来的大量泥沙使附近的海水都充满了黄沙，以致有了"黄海"的称呼；另外一些是被风吹起从陆地上的沙漠飞到海中沉积而成的；还有些地方虽然海边尽是岩石，没有沙滩，但千百年的海浪冲击着海岸，把坚硬的岩石破坏成碎石，再被波涛潮流带到海中。这些河水、风和海浪都有共同的特点，就是靠近海岸处的力量比较大，可以搬运比较大的石子、砂粒；离岸越远，力量越小，只能带动细小的泥沙了。所以，浅海中的泥沙，在岸边是粗粒的，在距岸边越远颗粒就越细。

264. 什么是大陆架？

假如同学们来到海边，站在沙滩上，你就会发现，这里地势平缓，水浅沙软。到了退潮时分，你会看到潮水退去留下的依然是和原来的海滩同样平展展的沙滩。潮汐使海水每天进退，像是大海每天必须拜访大陆一样。在这大陆和海洋"握手"的地方,就是大陆的边缘,人们把它称作大陆架。

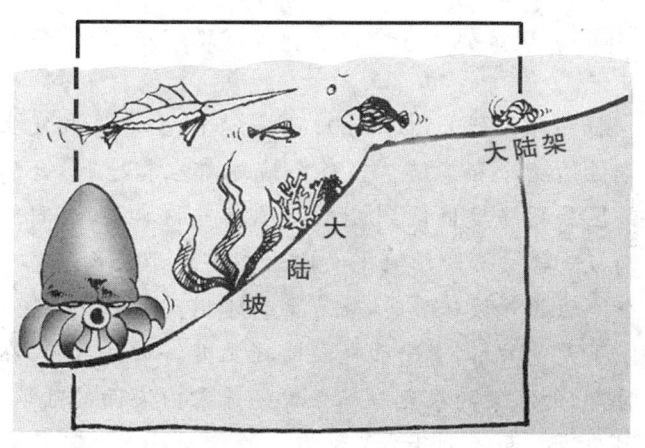

不过,我们能够亲眼见到的大陆架只是整个大陆架中最浅的一小部分,绝大部分大陆架都被海水淹没了。如果说深海大洋像澡盆,那么,大陆架就像盆边的上沿。地质学家们把这种缓缓地伸入到海洋中,我们看不到的地形叫作大陆架。这种地形在被海水淹没之后,还会继续延伸很长的距离,平均坡度为每千米下降1.5米~2米。大约到水深200米的地方,那里的海底突然变得十分陡峭,就好像下了一个台阶一样。到了这里,大陆架就变成了大陆坡。打开世界地图就会看到在大陆周围的海水有一道浅色的边镶在了陆海交界之处。它时宽时窄,有些地方甚至根本没有,有些地方却能宽达1500千米,这都是大陆架的区域。

265. 大陆架是如何形成的?

大陆架曾经是陆地的一部分,只是因为海平面的高度有变化,使得原来大陆边缘的部分被海水淹没,形成了大陆架。

据科学家研究,最近200万年以来,全球气候发生过周期性的变冷和变暖。当整个地球都在转冷时,大陆的高山区和高纬度地区到处堆满了厚厚的冰层,如同现在的南极一样。那时的海平面比现在要低100多米呢。当整个地球的气候转暖时,陆地上的冰川大量融化,给海洋补充了大量的水,海平面也就随之上升。由此可见,在冰川时期,大陆架的很大一部分曾经是露出海面的陆地,以后因为海平面的上升才沉溺海底的。

"制造"大陆架,除了升降的海平面外,还有其他几个原因:第一个就是地壳的沉降。另一个是河流里的泥沙把起伏不平的海底逐渐填平淤高,成为地形平坦、沉积层单一的大陆架。再一个帮忙"造"大陆架的是海浪。它主要是在岩石型的海岸边"啃"石头,它不断地拍打着立在水中的岩石,一点点地打碎,使岸边形成一个水下的石头平原,科学家们把这个过程叫作"海浪侵蚀"作用。

266. 为什么说大陆架是海洋资源的"聚宝盆"?

科学家们已经估计出,大陆架地区的石油蕴藏量占世界总储藏量的三分之一左右。到目前为止,已有100多个国家和地区开展了大陆架石油勘探与开采,已发现了500多个油气田。除石油、天然气外,大陆架地区还分布着许多其他海底矿床,如煤、铁、铜、银、铂、铀等,而且埋层较浅,易于开采。大陆架地区还具有丰富的水产资源。大量资料表明,浅海的鱼产量要比深海大得多。大陆架的面积虽然只占海洋总面积的 7.5%,但其生物总量却是深海大洋的 15 倍,捕获量占海洋渔业总产量的 80%,因而世界重要的渔场大都分布在浅海大陆架水域。大陆架的海洋植物资源的数量也相当可观,主要是各种藻类,如紫菜、海带等。随着科学技术的发展,人们已从这些藻类中研制开发了许多海洋药物和食品,相信在不久的将来,它们将成为人类未来重要的食粮。

全世界大陆架面积约 2800 万平方千米,只占海洋总面积的 7.5%。但因为它富藏着各种人类赖以生存的宝贵资源,所以,富饶的大陆架不愧是海洋资源的"聚宝盆"。

267. 什么是海底的"水下河谷"?

在许多浅海中,都有蜿蜒曲折的水下河谷,有意思的是它们常常可以和陆地上的河谷对应起来。

我们来再看看印度尼西亚这个"千岛之国"。在它的两个大岛苏门答腊岛和加里曼丹岛之间的海面下有一片叫作"巽他"的大陆架,在这片大陆架上有着树枝分岔一样的水下河谷,一支向北流,另一支向南流,两条水下河谷的海底"分水岭",其实就是一片稍抬起的海底高地。两条水下河谷的底部都是慢慢地向下游倾斜的。不管是下去看河谷的横断面,还是从空中看它的平面外形,都与陆地的河谷一模一样。那么,让我们再飞越亚洲大陆来到欧洲西北部的英伦三岛吧。在它周围一片广阔的大陆架浅海底,也有几条极为明显的水下河谷。在陆地上看,易北河、莱茵河、威悉河都是分开单独入海的,要是继续延伸到海水下面,又能分别与各自的水下河谷连接起来,再接着向北延伸,最后这三条河谷终于汇合到一起,"注入"北海。其实,从法国、英国注入大西洋的河流,还有好多都是同海底水下河谷相连的。甚至赫赫有名的英吉利海峡本身,就是一条通向大西洋的海底谷地。

268. 地球上最大的斜坡在哪里?

地球上最大的斜坡其实并不在陆地上,而在海里,这就是大陆坡。大陆坡是和大陆架相伴相生的"孪生兄弟",它紧挨着大陆架向海的一侧。从大约200米深的大陆架外沿再往深处去,海底的地势会突然变陡,水深从200米很快增加到2000米~3000米,形成一道巨大陡峭的斜坡。如果从世界地形图上看,它与大陆架相比不过是窄窄的一条。大陆坡的顶端是大陆架的边缘,从大陆坡的坡顶到坡底的平均深度是3360米,它的宽度在各大洋差别很大,最窄的地方也有10多千米,宽的地方有几百千米呢。

269. 大陆坡的海底是什么样子的?

地球上这个最大的斜坡——大陆坡,它的底部再不是生机勃勃的世界了。深深的海水阻挡了阳光,海底一片漆黑;大陆上的江、河入海带来的养料到这里已经所剩无几,植物是不可能生长的,因为没有阳光,少数海底动物也只有靠吃海底的软泥过活。顺便说一下,大陆坡上沉积的这种软泥还真不少呢,这种由海洋生物遗体残骸组成的有机质软泥,盖住了大陆坡上一半以上的面积。

大陆坡的海底是地壳最活跃的地带,世界上的火山、地震大多集中在这里。堆积在大陆坡上的泥沙,在它本身重力和海底地震的作用下,会造成规模巨大的滑坡。海底滑坡能够把停积在大陆坡上的大量泥沙带到深海底。同时,它本身又是一种强大的动力,可以雕凿海底地形。现在我们知道,在大陆坡上最特殊的地形,是许多巨大的海底峡谷,它是一些又长又窄的深沟,也有分支,很像陆地上的河谷。海底大峡谷的存在,使得大陆坡更加神秘和壮观。

270. 你知道地球上最大的山系吗?

如果有人问你地球上哪条山脉最长、最大,你也许会说是中国的喜马拉雅山或者是欧洲的阿尔卑斯山脉,那你就错了。实际上,世界上最大的山系不在陆地上而是在大洋里,它就是"洋中脊"。

我们都知道,地球各大洋的海底都有高高耸立的水下山脉,由于它们大多数位于大洋的中部,人们称之为"洋中脊"。科学家们对这些海岭进行了全面的探测之后,发现了一个秘密。原来各大洋的海底山脉并不是孤立存在的,它们首尾相连,连绵不断,是一个全球性的庞大体系,总长度达到 65000 千米,也就是说可以绕地球一圈半哩!它的总面积比全世界陆地面积的一半还要大,而且高度比陆地上的最高峰——珠穆朗玛峰还要高。它才是世界上最长、最大的山系。

271. 大西洋洋中脊是怎样被发现的?

我们中国有句古话:"有心栽花花不开,无心插柳柳成荫",意思是说,无意之中往往有意外的收获。在20世纪初一个叫佛里茨·哈勃的德国化学家就是个经历了不幸的幸运儿。

1918年,第一次世界大战刚结束,作为战败国的德国,战争赔款高达1200亿马克!到哪去弄这一大笔钱呢?在政府的资助下,一位叫佛里茨·哈勃的化学家凭着自己的学问,想方设法琢磨出一套弄钱的办法:从海水中提取黄金。政府专门为哈勃配备了一艘名叫"流星"号的海洋调查船供他使用。他们淘呀,淘呀,几年过去了,不仅所获无几,而且耗费了他们全部精力,甚至连船员们的日常费用都难以维持,黄金更是成了泡影。

1925年时,就在"流星"号陷入困境之际,船上安装了一台叫作"回声探测仪"的新设备。希望通过这台新设备,获得更详尽的海底资料。在使用回声探测仪后,人们发现,在大西洋中部,有一段海底是一块凸起的高地。这个新发现,实在出乎人们的意料。因为由于过去测量手段的简陋,人们都认为海底是大致平坦的。

因为有了新的发现,佛里茨·哈勃和他的同伴们早把淘金的烦恼扔进了大西洋。他们开始留心收集这一海域的洋底资料。在大约3年的时间里,他们测量了数万个点的海深。随着资料的不断积累、整理和分析,一条像巨龙一样的海底山脉逐渐显示出来。这条"巨龙"就是大西洋的"洋中脊"。

272. 大西洋的海底是什么样子?

1973年8月2日,"阿基米德"号深潜器载着驾驶员德弗罗贝雄尔、首席科学家勒皮雄和机械师米歇尔,在亚速尔群岛的西南开始下潜,下潜的目标是大西洋洋中脊。3个小时之后,2600米深的海底已在"阿基米德"号的下面呈现。勒皮雄的眼睛紧贴着舷窗,突然惊呼起来:"看,熔岩!"在他的前方,巨大的熔岩就像瀑布似的从几乎是垂直的陡坡上倾泻而下。勒皮雄又看到了中央裂谷的岩壁上,有许多黑黝黝的"管道",活像大管风琴的音管,参差不齐地排列在那里,直径大多1米以上,在探照灯的照耀下闪烁着黑玉般的光泽。在一块海底凹地上,堆放着一些完整无损的熔岩块,外形像一大块一大块的枕头一样,探险者给它起名叫"枕岩"。

1974年6月,第二航次准备就绪。7月12日,"赛纳"号深潜器的身影在大西洋炎热的海面上消失,慢慢地向洋底降落,轻轻地靠近大西洋洋中脊的顶部。不久,深潜器里传出一声愉悦的欢呼声:"我看到海洋的'伤痕'了。"这时,观察窗前的海底"伤痕"呈现出一幅令人眼花缭乱的景象:液态的熔融物正从海底裂缝中流出,遇到4℃的海水骤然凝结,迅速形成千姿百态的海底奇观,有的像巨大的蘑菇,有的像丝光蛋卷,有的像一卷卷棉纱或刚刚被挤出来的牙膏,还有的像款款飘动的纱巾……

273. 什么是深海平原?

深海里不仅有"高山",还有平原。深海平原一般位于大陆坡下面的大陆裙和深海丘陵之间,水深3000米~

6000米,坡度很小,最缓的地方只有十万分之一(意思是说100千米距离海底才下降1米)!但是,它的面积较大,大的深海平原可延伸几百,甚至几千千米。深海平原的表面光滑而平整,几乎接近水平状。有的深海平原向一定方向微微倾斜;有的则有低微的波状起伏。

在1947年以前,人们对深海平原的认识还极为肤浅,甚至连深海平原的定义也没有确定。直到1947年考察大西洋中脊时,人们才发现了深海平原;1948年,瑞典深海平原考察队对印度洋中的深海平原作了较为详尽的调查,并绘制了海图。从此,人们陆续考察各大洋中的深海平原,并绘制了海图。

274. 海底也有大峡谷吗?

同学们都知道长江三峡,是闻名世界的大峡谷。可是,当你有机会乘深潜器来到海底,你会发现更大的峡谷,从大陆架顺着大陆的斜坡散布着一道道裂谷,两壁高陡,坡度能达到40度,这就是海底峡谷。

这些海底峡谷的谷壁状似悬崖,就像陆地上的峡谷那样陡峭险峻,而且一直延伸到深海海底。峡谷的断面有的呈"V"字形,有的呈"U"字形,有的如同陆地上的河道长达几百千米,还有的就是陆地上的河流在海底的延伸。例如刚果河、印度河、恒河等,河谷向海底延续,经过大陆架一直伸展到大陆坡同海底峡谷连接起来。就拿恒河河谷来说,与它相连的海底峡谷,从大陆坡一直伸到3000多米深的海底,又在海底分岔,像树枝那样分散开来,末端一直伸到5000多米深的印度洋底,整个海底峡

谷所占面积超过陆地上的恒河流域的面积。切割最深的海底峡谷是巴哈马峡谷,其谷壁高差达 4400 米,这些都是陆地峡谷难以相比的。

275. 海底大峡谷是怎样生成的?

在陆地上,峡谷是河流穿越山地时切开岩层造成的。如金沙江虎跳峡、黄河的刘家峡、美国的科罗拉多大峡谷等。海底峡谷是否也由河流造成,后来才沉没海底,还是海底另外有强大的力量"锯开"地壳后造成的呢?

对此,科学家们有不同的解释。有人认为,海底峡谷是从前陆地上的河流由于海面上升,淹没了下游的河谷而形成的。也有人认为,海底峡谷是由于海底发生断裂,然后沿脆弱的断裂线发育而成的。更多的人认为,海底峡谷是被一股浑浊的水流沿海底裂缝冲刷出来的。海平面下降过程中，大陆架变成大面积浅水区，当刮起风暴时浅水区的软泥和沙子都被搅拌起来，生成比重较大的浑浊流。这种浑浊流力量很大，当大量的浑浊流沿大陆坡向下流动时，与海底发生了强烈的摩擦，逐渐冲刷和侵蚀海底而形成的。还有人认为，海底峡谷是由一种"地热水"的作用而形成的。这种地热流是由于海底的地壳受到地球内部的压力作用，使地球内部的部分液体从地壳的裂缝处冒出来。这种滚热的液体和水流溶蚀周围的岩石，逐渐地形成了海底峡谷。总之，上述各种解释对某一个海底峡谷都有它自己的道理，但不能一概而论，要对不同的对象进行不同的分析。我们相信在不久的将来科学家会有更圆满的答案。

276. 海底也有华丽的"舞池"吗？

在距今 2500 万年以前，浩瀚的海洋中有许许多多露出海面的岛屿，其顶部大多由松散或柔软的熔岩构成。随着岁月的流逝，某种自然力就像一把巨大的"锉刀"，从山顶开始一点点、一层层地把那些熔岩向下"削"，结果就在海底上出现了一座座无顶的山，它的上面便成了一个个浑圆、平坦、光滑的大型"广场"。奇妙的是，这些直径有几百米至 20 千米～30 千米的圆形"广场"，大都有一圈由圆石砌成的窄边。这些孤耸于海底或者成群出现的圆形"广场"，仅在太平洋中就有 140 多个。

对于这种奇特的海底景色，有一位深海考察潜艇报务员在航行日记中写道："从远处望去，它们好像是一片被砍伐过的森林,到处留下一个个高低不一的树墩;当我们来到它的上面俯视这一切的时候,好像坐在一架客机里,鸟瞰非洲湖塘中的大王莲。再近一点看去,啊!实在太美了,它们又活像一座座华丽的大型舞池……"实际上,说它们是华丽的舞池未免有些夸张,科学地说,应称之为"海底平顶山"或"平顶海山"。

277. 海底平顶山是怎样形成的?

在绵延的太平洋深海底,竟然拔出数以百计的顶巅平坦的奇妙"舞池",这足以使人感到非常神秘。它们到底是怎样形成的呢?第一个发现海底平顶山的赫斯教授于1946年公布了他的重要发现,提出这些顶部平坦的海山乃是沉溺到海底的古代火山岛屿,这个独具判断力的假说立即轰动了整个地学界。

按照赫斯的见解,新生成的火山岛一旦露出海面,滚滚的波涛立刻无情地向它袭来。对孤立于大洋中的岛屿来说,惊涛骇浪具有强烈的侵蚀作用和极大的破坏性,特别是岸边激浪,它对岛屿的冲击力量有时可达每平方米60吨呢!如此的侵蚀和冲击,导致火山岛的岩壁破坏崩塌,被激浪和海流冲走。如果岛上的火山活动停息了,变成一座死火山,它就只有被侵蚀之份而无再生长之力了。天长日久,火山岛终于遭到"砍头"之祸,成为略低于海面、而且顶面平坦的平顶山了。

但对于海底平顶山的形成一直众说纷纭。对它的种种解说大多无法令人信服,于是揭开海底平顶山的形成奥秘就成了海底地质学饶有趣味的课题。

278. 海底为什么有热泉?

大家都知道,在世界很多地方都有温泉,温泉是因地热形成的,水中含有多种微量元素,吸引着许多游客沐浴。可是你知道吗? 跟海底的热泉相比,这简直是小巫见大巫。

科学家在太平洋加拉帕戈斯群岛附近海底考察时,潜水器曾遇到热泉。热泉是从 3000 米深处海底裂谷中涌出的高达 298℃ 的热水。这样高的温度,使得潜水器里的人都感到特别难受,因为这远远超过我们在炎热的夏天里所感受到的温度。在加利福尼亚州附近的深海底,人们可以看到有几十股热泉从海底裂口处向外溢出。科学家们曾试图测试水的温度,结果水下温度计的塑料外壳被融化了,据估计其水温在 300℃ 以上。据科学家们的研究,这可能是由于地壳内部熔岩使得水温增高的缘故。

279. 海底的"玻璃"是怎么来的?

早在 1835 年,英国著名生物学家达尔文在澳大利亚南部海岛曾采得一颗形如钢珠的玻璃陨石,其成分和表面结构都非常典型,被命名为"达尔文玻璃陨石",一直珍藏在伦敦自然博物馆内。此后 100 多年来,科学家们在海底虽百般寻觅,但终无所获。倒是在很难找到花岗岩的大西洋深海底,发现了许多体积巨大的玻璃块,真是一件怪事。

为了解开这个海底玻璃之谜,英国学者进行了多方面的分析研究,认为这种玻璃的形成有可能是海底玄武岩受到高压后,同海水中的某些物质发生一种未知的作

海洋地理

用,生成了某种胶凝体,最终演变为玻璃。这是真实的吗?有些化学家把这一带深海底的玄武岩放在实验室的海水匣里,加压至400个大气压,结果却根本不能形成什么玻璃!那么这些奇怪的海底玻璃到底是怎样形成的呢?有谁能解开这个谜吗?

280. 你知道能使鲨鱼迷糊的洞吗?

鲨鱼十分凶猛,常攻击人类。可是在墨西哥湾东部妇人岛附近海底有一个洞,洞中住着一条鲨鱼十分老实。这个洞是一位潜水员发现的。他在水下看到一条鲨鱼躺在洞中,嘴一张一合地呼吸着,见人并不攻击。他就壮着胆子游近鲨鱼,鲨鱼还是不动。他同助手游进洞中用棍子触动鲨鱼,鲨鱼懒洋洋地挪动一下身子又不动了。后来,他们对该洞进行了研究,发现洞中有淡水涌出,淡水中还有较高的酸性和二氧化碳,从而使鲨鱼大脑神经镇静。同时淡水和海水混合在一起形成了电磁场,电磁场又对鲨鱼神经活动有抑制作用。生物学家认为,在这样的环境中,任何生物都会处于飘飘然的状态。

281. 真的有海龟坟洞吗?

1994年,日本海洋摄影家高野五郎在马来西亚东部西巴丹岛附近海底发现一个大洞,洞高13米,宽25米,洞中有许多小海龟在游动,还有一大堆海龟骨头,其中还有一具完整的海龟骨架。再往里去,有大批散乱的大海龟白骨,总共有30多具大海龟骨架。原来这个洞是大海龟的坟墓。据说大海龟会预知自己死期,在死期来临之际,它在海底爬来爬去寻找葬身之地,找到洞穴作为墓地后,它就爬到洞中,趴在洞中岩石上后静静地歇着歇着就死去了。这个洞是怎样成为海龟墓地的,原因尚不清楚。

282. 哪里的海岸洞穴会有原始水生动物?

大西洋的巴哈马群岛的海岸是石灰石地质结构。早年巴哈马群岛地下淡水很多。由于冰河活动时期海面频繁的升降造成海岸洞穴,现已淹没在水下。目前,发现的最长洞穴达10多千米,最深的超过110米。在古老的洞穴中,保存了一个原始水生动物的世界。洞中有许多世界罕见的古老水生动物和地球上其他地方已绝迹的水生动物,建立了一个水生动物世界,这些动物就在洞中生活。目前科学家已在巴哈马群岛发现穴居水生动物几十种,许多都是新种。如一种具桡足的动物,身体非常小,样子像蜈蚣,上颚锐利,腿多而敏捷,游泳姿势优美。盲鱼身子矮胖,有点像鳝鱼,眼退化成小黑点,皮肤粉红色。有种蠕虫,后背触须很大,正中央长个角,对这种古怪的水生动物,科学家称它为"独角鲸蠕虫"。这些古老水生动物生理机能与深海动物类似,它们可能是深海动物的近亲。

283. 海岸洞穴为什么会透出蓝光?

意大利卡普里岛是个面积不大的小岛,由于海浪长期冲击使岩壁上形成许多洞穴,其中岛的北岸的蓝洞最为著名。蓝洞的洞口刚好在海平面上下,水上部分约1米高,宽30米,洞长约60米,水深16米。刚进洞时一片漆黑,入洞后豁然开朗,洞内有深潭,潭水清澈见底。最奇怪的是洞中水泛蓝光。这蓝光是阳光把海水蓝色的光反射到了洞中,洞中海水表面又把蓝光反射出来,将整个洞染成奇妙的蓝色,显现出绚丽的幻景,所以人们把这个洞称为蓝洞了。

284. 海洋中有"无底洞"吗?

《西游记》中有孙悟空大战无底洞的故事,那么,地球上有没有这样的无底洞呢?有趣的是,在希腊凯法利尼亚岛阿哥斯托利昂港附近的伊奥尼亚海域,就有一个神秘莫测的海中"无底洞"。每当涨潮时,汹涌的海水便会以排山倒海之势涌入洞中,形成一股湍湍急流。据测量,每天失踪于这个"无底洞"里的海水量竟达3万多吨!可奇怪的是,如此大量的海水灌入洞中,却从来没有把洞灌满。自20世纪30年代以来,人们想方设法试图寻找它的出口,都是枉费心机。

我们知道,地球是圆的,它由地壳、地幔和地核三个圈层组成。我们通常所看到的各种山洞、裂口或火山口等都只是地壳浅部的一种现象,因此世界上是不可能存在无底洞的。可是,直到现在,谁也不知道这里的海水为什么会没完没了地"漏"下去。

285. 深海里有"宇宙尘"吗?

美国电视剧《大西洋底来的人》曾风靡一时,那个有着特异功能的"外星人"麦克给人印象极深。当然这纯系科学幻想。然而在水深几千米的世界大洋底,确确实实有着许多来自地球以外星球的"客人"——深海宇宙尘。

深海宇宙尘是120多年前,英国著名的"挑战者"号海洋调查船在进行环球海洋探险考察时偶然发现的。宇宙尘的个体就像灰尘一样细小,是一个个大小不一、形状相近的小圆球,其中有黑色的、褐色的,或呈淡黄绿色如同玻璃球一样的颗粒;也有的球面光亮耀眼,就像一颗颗闪闪发亮的小珍珠。

100多年过去了,人们从世界各大洋的海底沉积物里,都相继找到了这种黑色的或淡黄绿色的小球粒。迄今为止,人类所能获得的宇宙物质,除了落在地面上的陨石和宇宙飞船从月球取回的月岩样品外,就是这些珍贵的海底宇宙尘了。

286. 每年在地球表面降落的宇宙尘有多少?

人们从最古老的海洋沉积物里也能找到宇宙尘,这说明自古以来就一直有宇宙尘飘落到地球上。这就引出了一个奇妙的谜,每年在地球表面降落的宇宙尘有多少?

这个谜底的揭开对研究地球和海洋的演化非常有用,因此,地质学、天文学及其他相关学科的科学家一直把它当作热门课题研究。但由于调查面积和样品数量有限,得出的结论差距很大,有的说只有几吨,有的认为有几万吨。我国地质学家于1983—1988年间,在大洋多金属结核考察中,从几十万平方海里的太平洋海域获得了大量深海宇宙尘,花了近一年时间,统计了数十个站位沉积物中宇宙尘球粒含量,得出宇宙尘年平均降落量为2343吨,从而揭开了宇宙尘研究中的一个难解之谜。如果把地球形成以后的46亿年漫长岁月里承接的全部宇宙尘平摊在地球的表面上,足以使地球的半径增加两米!

287. 海底也有风暴吗?

每当风暴来临之前,天空突然黑暗下来,乌云密布,电闪雷鸣,狂风四起,暴雨随之倾斜而下。那么,海底是不是平静的呢?海底并不平静,类似于陆地上飓风的各种激流一年四季都会在海底发生。甚至在一些海域,这种海底风暴每年要发生5次~10次。当海水和大气运动的能量集聚到一定程度时就会发生海底风暴。当海底风暴袭来时,海底也会发生类似陆上沙尘暴的景观。海底风暴所经之处,无论爬行动物、植物,还是礁石和海底通

讯电缆、测量仪器都会被埋在沉积层下。

海底风暴能量之大实属罕见。最猛烈的海底风暴的破坏力相当于风速高达每小时 160.9 千米的风暴，而我们知道风速超过每小时 119 千米时已是飓风了。

288. 海底也有滑坡吗？

我们在电视里经常看到陆地上山体滑坡造成的交通阻塞的报道，可你知道吗？在海底也有滑塌。

在过去几十年中，科学家们通过对大陆架、陆坡以及浅海地区的海上调查证实，海底的松散沉积物广泛存在着滑移现象。在近岸滑坡范围只有几百米，而在深水中大规模的滑移可达到几百千米。是什么原因造成海底滑坡呢？海底沉积物的沉积环境和速度的差异是海底产生不稳定的原因。海底不稳定现象对于海洋工程的建筑物具有潜在的危害，例如，1968 年在墨西哥地区的一次台风所引起的海底沉积物滑移毁坏了两座钻井平台，另有一座钻井平台顺坡向下滑移了 1 米远。

289. 城市会沉没到海底吗？

世界上有众多的城市，它们都是建立在陆地上。我们这里讲的，不是这种陆地上的城市，而是沉没在海底的城市：街道上没有行人车马，只有游鱼虾蟹……这种沉入海底的城市，世界上并不罕见。在亚洲和欧洲交界处的里海，就有一座波蒂城静静地躺在水下 60 米深的地方。公元前 373 年，古希腊的海滨城市赫利克城发生了强烈地震，紧接着滔滔的海水涌进街道，全城慢慢地沉入海中。

我国虽然还没有发现沉入海底的城市,但是,从1921年上海市就开始逐年下沉,市区地面离海平面不到4米。人们经过分析认为,过量抽取地下水是造成地面沉降的主要原因,因而采取了向地下回灌一定量的水的方法。据证实,该方法很有效果,从1966—1971年的6年中,上海市地面又回升了16毫米。

290. 浅海的底为什么总是比较平坦?

同陆地一样,世界各地的海底也耸立着巍峨的高山,平铺着宽广的平原,布满深邃的海沟……但在深度小于200米的浅海,底部往往是比较平坦的。它微微向海洋倾斜,倾斜的角度平均不超过11.7度。那么,浅海的底为什么比较平坦呢?这主要与海浪的作用有关。

本来,浅海的底也是高低不平的,但由于海浪把浅海部分冲刷削平,再把破碎的沙石或淤泥带到深海的地方。这样,海底就变得较为平坦了。其次,海浪还有力地冲击着海岸,使海岸不断遭到破坏,造成海岸的坍塌碎裂,从而形成了砂砾。当退潮时,这些砂砾也被潮水带到海中,在海底较低处堆积起来。再一个原因是,连接大海的众多的陆上河流,由于暴雨的冲刷,带来了大量的泥沙,而且这些泥沙在海潮的作用下,往往冲积到浅海比较低凹的地方。所以,浅海的底就比较平坦了。

海洋地理

海洋地质灾害

291. 全世界每年有多少次地震？

据统计，全世界发生的能为目前科学仪器测知的地震，每年约有500万次；而能被人的感官所察觉的则只有5万次，占总数的1%。从地震的历史记录来看，震中烈度达麦氏8度以上的灾害性地震，全世界每年不过10多次。地震在地壳表面不是平均分布的，而是呈有规律延伸的长条带状分布，这种地震频繁而强烈的条带状地区，就是地震活动带。有趣的是，地震活动带恰恰与全球火山活动带和地壳强烈活动带基本一致，出现的是"三位一体"的生动格局。具体说来，世界上主要的地震活动带有：环太平洋地震带、地中海—印度尼西亚地震带和洋中脊地震带。

292. 世界上三大地震带在哪里？

在地球上，地震活动的分布是不均匀的。从全球看，共有3个地震多发地带。它们是太平洋周围、地中海—喜马拉雅—印度尼西亚沿线和大洋中脊地带。

环太平洋地震带是有名的地震多发区。世界上大多数地震都发生在此，它释放的能量竟占世界的70%。这里活火山很多，加上地壳中不稳定因素，断裂活动一触即发。断裂一活动，火山活动也乘隙而入，地震则随时都可能发生。

地中海—喜马拉雅—印度尼西亚为一条地震带，发生地震数约占世界地震数的15%，仅次于环太平洋地震带。这条地震带是建立在近代形成的新地壳之上的，地震带上许多山脉至今仍在升高，同时在它的一些地段分布着许多正在活动的火山群,造成活动构造频繁错动的地震形成环境。因此,这里地震多发。

至于大洋中脊地震带,则是由于断层构造带频繁活动,并且地壳厚度又很薄的原因,引起地震经常发生,但次数和强度自然不能同上述两条地震带相比。

293. 海底会"颤抖"吗?

海底也同陆地一样,既有高山,也有裂谷,岩石成层,起伏不平。这些都为海洋底下的火山爆发、滑坡、塌陷、地震、海啸等创造了条件。例如,在日本三陆的外海曾经发生过两次特大地震,它所引起的海啸波及太平洋彼岸的夏威夷。1960年5月,在智利莱布近海发生了被号称是迄今为止世界上最大震级的地震,震级8.9级,它所引起的海啸也波及日本等地。还有美国阿拉斯加的瓦尔德兹港湾,由于断层错位引起的8.4级大地震,更是海底发生地震的典型实例。

294. 为什么海洋中更容易发生地震?

海洋中更容易发生地震是因为地震总是发生在地壳运动比较强烈、厚度比较薄的地带。据地质学家研究,海洋底部的地壳厚度比陆地地壳薄,有的地方只有几千米。同时,海底地壳的岩层都是比较新的岩石,同大陆相比,稳定程度很差。这样,滑坡、塌陷也比大陆发生的机会多,断裂活动次数也就比大陆频繁。

海底地震主要发生在哪里呢?首先,在海底巨大山脉脊峰处的中央裂谷中,因上地幔的高温熔岩从此处喷出,形成新地壳,海底扩张将这里的岩石不断推向两边深沟,使这里的地壳一直很薄,容易发生地震。第二个地方是大洋中脊与横向断裂带的交汇处。由于两侧岩层的相互错动,岩浆很容易冲破这里薄薄的地壳,形成地震。第三个地方是大洋地壳俯冲消失的地方。这里的大洋地壳向大陆地壳俯冲,发生岩层间的错动,所以也易发生地震。不过,这里的地壳较厚(700千米左右),因此地震发生次数远少于上述两处。

295. 为何地中海多地震?

埃尔津詹是土耳其东部的一个有51000人的小城,几百年来,它以贫穷和多灾多难著称。当1939年12月27日一场史无前例的大地震袭击土耳其时,房顶塌陷,数以千计正在酣睡的人就在

睡梦中丧生了。这次大地震从凌晨2时到5时,连续7次地震猛烈震撼了土耳其,地震波及安纳托利亚高原155400平方千米的广阔地域,将4个村庄和几十座城镇彻底毁灭。到第二天黎明,土耳其已有50000人死亡,成千上万的受伤者无家可归。

1988年12月7日上午,土耳其人的邻居、位于外高加索地区的亚美尼亚西北部发生了苏联最大的地震,共死亡2.4万多人,约40万人无家可归。就在亚美尼亚地

震发生后一个月,位于中亚的塔吉克斯坦再次发生大地震。为何这里会相继发生大地震?专家们指出,这两次地震都发生在同一条地震带上,是一条地震活动带上的"双胞胎"。

而埃尔津詹、亚美尼亚和塔吉克斯坦正是位于地中海—印度尼西亚地震带上。地中海—印度尼西亚地震带,与著名的"环太平洋地震带"相接。虽然它每年的地震只占全世界地震总数的15%,释放的能量也只占全世界地震总能量的15%,但它多半是浅源地震,且主要分布于人口稠密的大陆,故造成的灾害是相当大的。

296. 你知道加利福尼亚大地震吗?

1906年4月18日,加利福尼亚州发生了美国历史上损失最大的地震,震级8.3级,震中烈度11度,撼动了美国西部96万平方千米的土地。历史名城旧金山天旋地摇,建筑坍塌,到处起火,全城2.8万栋房屋付之一炬,6万多人丧命,财产损失达5亿美元。

这次大地震的罪魁祸首是谁呢?是生性活泼的圣安德列斯大断层。这条断层南起加利福尼亚湾,向西北延伸,到旧金山北面的门多西诺角入海,大体上与太平洋海岸平行,总长1000千米以上。据说,这条线就是太平洋板块和北美板块的接合部。1000多万年以前,两个板块衔接在一起,后来各朝相反方向移动,太平洋板块滑向西北,北美板块滑向东南,裂痕越来越深。至今,这断层已深入地壳32千米~48千米,每年平均移动2.5厘米,但其力量分布不均匀,有的地段在滑动,有的地段则"咬住"

海洋地理

不放,滑动的地段硬要拉着不动的"顽固分子"跟它走,张力逐渐增强,犹如积聚着几百颗核弹的力量,一旦失去平衡,瞬间移位,便会爆发一次强烈的地震。旧金山的这场大灾难正是圣安德列斯断层大错动的结果。近百年来,这断层发生6级以上大地震达37起。

在旧金山附近保留着一个"1906年大地震遗迹"。山坡上两道栅栏中间树立一块大木牌,牌上画着一条大粗线,两侧箭头分别注明"太平洋板块"、"美洲板块"。但见芳草萋萋,树林茂密,并无什么异常景色。奥妙就在栅栏上。这两道栅栏本来是连在一起的,1906年的地震把它错开了,一分为二,成了相距4.88米的两道短栅栏。移位部分并未见到深沟,但岩石破碎,与两侧正常岩层明显不同。如果你两脚分开站在那条大粗线的两侧,这就意味着你的一只脚踏在太平洋板块上,而另一只脚正踏在美洲板块上。

297. 地震的能量有多大?

提起地震,我们就会想起上面提到的那些可怕的镜头:房屋倒塌、地面裂缝等等。

我们已经认识到了地震的巨大破坏力,它能使坚硬的岩石发生断裂,使整个山体滑动。根据测量,大的地震所释放出的能量相当于几千颗原子弹爆炸所释放出的能量甚至更大。而且,地震波的速度可达到每秒数千米到十几千米,它只要20分钟就可以传遍全球。

298. 你知道海洋地震测量吗?

人们对地震波进行了深入的研究发现,地震波在到达地球内部密度不同的两种介质的界面上,即不同的岩石上面,就会发生反射和折射。科学家根据这个特征,使用仪器接收并记录各种波的到达时间,据此计算出不同深度的地震波速度,从而了解地球内部的构造和岩层的分布特点。人工地震方法就是将这个原理应用于海洋地质调查而形成的方法。使用地震测量,可以了解地下岩层的分布情况,可以探明石油、天然气和其他矿产的分布情况。

人类在探索地球内部组成的过程中,地震测量法起到了功不可没的作用。地球上部的地壳和中间地幔的分界面——莫霍面就是由南斯拉夫的地球物理学家莫霍洛维奇应用地震测量法测得的。

299. 世界上最大的"火环"在哪里?

事实上,全世界80%的浅源地震(震源深度为0千米~7千米)、90%的中源地震(震源深度为70千米~300千米),以及几乎全部深源地震(震源深度为300千米~700千米)都集中在太平洋周围的大陆边缘和群岛区。这个环太平洋地震活动带实际上是一个未完全封闭的"马蹄形"大半

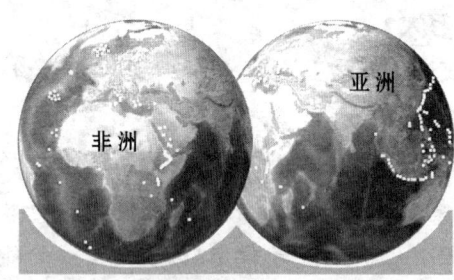

环太平洋地震带

环,仅20世纪就发生过数十次8级以上大地震。这些地震每年释放出的能量,足以举起整座喜马拉雅山,或者说,可以与爆炸10万颗原子弹相比拟。

海洋地理

令人惊奇的是,火山和地震真像一对患难弟兄,如影随形,地球上的大多数火山竟然也集中在环绕太平洋的周围地带。在已知全球529座活火山中,有421座位于这条环太平洋火山带内。这条火山链与地震带是相吻合的,而且在火山喷发之前还有地震活动。所以这一带有"太平洋火环"之称,它是地球上最大的"火环"。

300. 太平洋为何会有这样的"火环"?

多少年来,地球科学工作者一直在苦苦思索"火环"的来龙去脉。直到20世纪60年代,当科学家们对深海海沟进行考察之后才渐渐明白:海底深渊来者不善,"火环"事出有因。

海底最深的地方,并不像某些人所想象的是在大洋的中央,恰恰相反,绝大多数水深大于7000米的深海沟都环绕在太平洋的周围地带。在这寂静诡秘的海底深渊里,正发生着一桩惊心动魄的事情:原来海沟果然就是"地狱"的入口处,海底地壳就在这儿被一股疯狂的无形的力拖进地底去了。不过,海底地壳在海沟底并不是直着身子被拖进地球的内部,而是倾斜地插入旁边的群岛或大陆底下。

人们恍然大悟,海沟之所以这样深,就是因为海底在这儿向下弯曲,沉潜到相邻大陆或群岛之下的缘故。在海沟附近,大陆地块骑跨在海底地块之上,陆块向上仰冲,被高高地抬起来;海底则向下俯冲,深深地下陷。目前,南美洲的安第斯山脉上冲到六七千米的高度,旁边的智利海沟却没于海面下8000余米,两者高差近15千米,这是地球表面上最大的起伏不平。

粗略估算一下,太平洋地块的重量就有大约 2000 亿吨,这么个庞然大物强行冲进大陆地块之下,自然非同小可,必定会弄出些骇人的事变来。太平洋周缘火山、地震的肇事者,就是海底地壳沿着海沟的俯冲作用。在海底地壳和大陆地壳相互冲撞的海沟邻近地带,有史以来的地震灾害大约夺走了几百万人的生命,他们实际上是死于地壳运行的"车祸"之中。

301. 你见过火山喷发吗?

在夏威夷群岛观光过火山喷发的人,一定会为那壮观的景象激动不已。夏威夷群岛上有 5 座现代火山,其中正在活动的只有冒纳罗亚火山和基拉韦厄两座,其余的火山早已长眠不醒了。

火山喷发

火山喷发时,岩浆犹如钢水沸腾,熔岩湖面时升时降,如同气压计的水银柱。岩浆还常常飞溅而起,形成高达数米乃至几十米的喷泉,直上云霄;溢过火山口的岩浆,跟河流一样顺坡奔泻而下,遇到陡坎时形成滚滚的熔岩瀑布,奔腾直泻。这一幕幕火山喷发的情景,绮丽迷幻,气象万千,人们仿佛置身于神话世界。

在世界别的许多地方,每当火山喷发时,人们都要赶紧逃避。但在夏威夷群岛上,一旦知道火山爆发,人们却纷纷前来观光。岛上建有许多国家火山公园,专供游客观赏火山喷发时的壮观景象。美国宇航员还把这儿当作学习火山地质学的课堂呢。游客们敢在火山身旁欣赏火山喷发,似乎有点胆大包天。其实,这里的火山大多性情温和,不像别处的火山那样动不动就是惊心动魄的大爆炸。

夏威夷岛上的火山,外貌毫无惊人之处,不像常见的火山那样呈高大的锥状,而是又扁又平,好像平卧地面的巨盾,山顶就是火山口。火山喷发时,火山口内常出现熔岩湖。从飞机上俯瞰,基拉韦厄火山口就像一只缺口的巨锅,喷火口中有一个直径1000米的熔岩湖。当地土著人叫它"哈里摩摩",意为"永恒的火焰之家"。湖中岩浆有10多米深。传说火山女神佩勒就在这个熔岩湖中。

302. 太平洋里有多少个火山岛?

相对于太平洋而言,大西洋的那些火山简直算不了什么。人们惊讶地发现,太平洋里至少分布着一万个活火山,而新的活火山还在不断冒出海面。太平洋里的夏威夷群岛的8个大岛和100多个小岛都是火山岛。像夏威夷岛上的冒纳罗亚火山竟高出海面达4170米,它实际上是一座从水深5000多米的洋底拔地而起的高约万米的火山岛,其他的火山不过是散布在海底的不很显眼的山丘罢了。太平洋为什么有这么多的火山,而别的大洋却没有呢?这是一个谜,因为火山形成过程的海域实在太深。

303. 海底火山是如何喷发的?

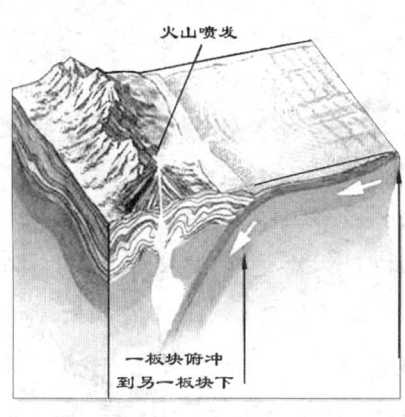

火山喷发的原因

一个初冬的清晨,一艘小渔船上的船员突然发现前方黑暗的海面上着起了大火,同时随风飘来一股臭鸡蛋味。船长清楚地知道,在这一方向上是没有任何岛屿的,一定是船舶失火。可当他拿起望远镜,才发现这是海底火山爆发。此时时间是1963年11月14日上午7时30分。上午10时30分,一架飞机对位于韦斯特曼纳群岛西南14海里的海底火山喷发进行了第一次空中拍照。这时喷烟已达3500米。火山裂谷长300米~400米,每隔30秒便有一次大的喷发。坠落下来的火山弹使海水溅了起来,大洋荡起同心圆状的波浪,把玉石般湛蓝湛蓝的海水染成了褐色。到了下午3点,裂谷长度发展到500米,喷烟的高度达3600米,远在冰岛也可以看得到了。

11月16日,海洋中诞生了一座高40米、长600米的椭圆形新岛。由于受强劲西南风和海浪的冲击,新生的海岛不时变换其形状,一会儿是宽100米的海蚀台地,一会儿又成了一个东北侧封闭、西南侧敞开的马蹄形,到11月25日,才大致定型为一座圆形火山岛。后来经过了3年又6个月,直到1967年5月,海底火山才平静下来。这时新生的火山岛高出海面178米,全岛面积为2.8平方千米,整个火山岛大约从海底上长了300米。

304. 世界上最大的火山群在哪里?

1992—1993年,科学家在东太平洋秘鲁和智利海岸以西水深为3000米的海底上,发现了由1113个火山形成的海底火山群,它的分布面积达18.2万平方千米,高度最低的为600米、最高的达2100米,在这些火山群中有200多个为活火山。这就是迄今为止人类在大洋底发现的规模最大的火山群。

305. 海啸是什么?

1946年4月1日,夏威夷群岛受到了空前猛烈的海啸袭击。这场海啸是自1819年以来对夏威夷群岛造成的损失最大的一次,它使159人丧生,1400多座房屋被毁坏,灾难造成的物质损失达2600万美元。

海啸是由地震时海底地壳的迅速垂直升降造成的,它是最可怕的一种海洋灾害。"海啸"这个词来源于日语,在日本沿海的一些纪念碑碑文里,至今仍可见到"地震既到,海啸将至"的记录。后来"海啸"被其他国家的科学家所接受,用它来代替"津波"、"潮浪"或"山崩波"这些称呼。海啸实际上是海底受到震动,对海水形成一个骚乱中心,震波通过海水传递,向四面八方漫开,就像人们把一块石头投入池塘形成涟漪向外传开一样。虽然海啸所蕴藏的能量只有地震总能量的百分之几,但也具有一枚数百万吨级炸药的核武器的威力。

306. 海啸是由哪些原因造成的?

除了地震以外,海底火山或海中火山爆发也可能造成大小不等的海啸,如果火山在爆发过程中山体发生大坍塌,就会造成特大海啸。公元前1630年前后的一个夏天的早晨,地中海东部爱琴海上的桑托林火山发生猛烈爆发和坍塌,曾触发一次骇人听闻的大海啸。海啸波横扫半个地中海,最大波高超过60米!还有人根据遗迹的研究,认为海啸最大波高竟达到200米!果真如此,那确是一次地覆天翻、旷古未闻的天灾奇祸了。从实地情况来看,这次桑托林火山爆发造成的海啸的确给附近广大地区造成了极其严重的破坏,许多沿海城镇均遭毁灭。如果这次大海啸发生在今天,其后果更是不堪设想。

307. 最严重的地震海啸发生在哪里?

迄今为止,地球上破坏最严重的地震海啸有两次。

一次是由1960年5月21日智利大地震造成的。这次大地震的震级达8.9级,海底一块大如加利福尼亚州的地块一下子上升了将近10米,巨大的海啸波随即以智利中部沿海为圆心,在辽阔的太平洋上迅速扩展开去,真可谓横扫万里如卷席。有人测得这次海啸在智利500千米海岸引起的最大波高为25米,使智利蒙受了空前灾难,有2000多人死亡。这次海啸的能量之大非常

日本渔船被海啸推上屋顶

惊人,它波及整个太平洋。海啸波以每小时700多千米的速度在太平洋中传播,当海啸第一波走完了10560千米的路程到达夏威夷群岛时,仅用了14小时56分。当时的波高达到9米,造成6人死亡,财产损失7500万美元。当传至菲律宾时,造成了32人死亡。22小时后,海啸波就跑完17000千米抵达日本,波高仍有8.1米,巨浪排山倒海般地冲上海岸,击溃防波堤,冲毁房屋,造成138人死亡,财产损失5000万美元。

另外一次发生在南亚和东南亚。2004年12月26日上午8时,世界上最大的群岛国家印度尼西亚发生强度为里氏8.9级的地震,震中在苏门答腊北部的城市帕丹东北部地下160千米深处。由于震动相当强烈,在地震的同时还引发了严重的海啸,并伴有强烈的余震。海啸大浪的高度一度高达10米以上,令海上的船只和海岸边的游人无法躲闪。

这次地震引发的海啸席卷了印度尼西亚、泰国、斯里兰卡、印度、缅甸、马尔代夫、马来西亚等多个国家,造成

重大人员伤亡,并且使无数个村庄瞬间变成死亡的泽国。海啸遇难和失踪者人数多达232010人,其中188149人死亡,43861人失踪。受灾最严重的是印度尼西亚,该国共有16万人死亡或失踪。海啸还波及了非洲东海岸,造成索马里、坦桑尼亚和肯尼亚的人员伤亡。

308. 能准确预报海啸的发生吗?

海啸给人们带来了灾难,使人类遭到无数的损失。那么,海啸的发生能够正确地预报吗?

一句话:非常困难。由于促使海啸发生的过程通常是在远离海岸的海底深处,其具体的形成过程至今仍不十分清楚。而且地震预报的难题人们尚未解决,更何况海啸预报呢!就算能够准确预测海底地震也不行,因为只有极少数的地震能够引发海啸……唯一的忠告是:当海啸袭来时,沿海地区的人们最好尽快地离开海岸,向高处撤离。

309. 海水是否在入侵陆地?

沿海一带,大陆和大海的相互作用比较大,自然灾害发生的概率也较大,如风暴潮、赤潮等数不胜数。但是,你知道吗?海水也在入侵着陆地。

海水地下入侵是发生在沿海地区的一种自然现象。沿海地区下面的海水和淡水之间总是相互依托,如果海水的压力大,海水就向陆地渗透侵入,使陆地上的淡水遭到破坏,这就形成了海水地下入侵;反之,淡水就流向海的一面。随着经济建设的发展,本来就少的地下水资源越发紧张。我国渤海南岸的莱州市就发生过这种现象。

由于天气干旱,抽取的地下水量过大,1989年莱州市的地下水位比1977年平均下降了15米,使得农田耕地被海水污染,自来水严重告急。

当然,地下海水入侵是可以战胜的,最主要的是我们平时就应该注意节约用水,以防止地下水平面的降低,另外,还应该注意保护我们的环境。

海洋地理

神奇中国岛岸

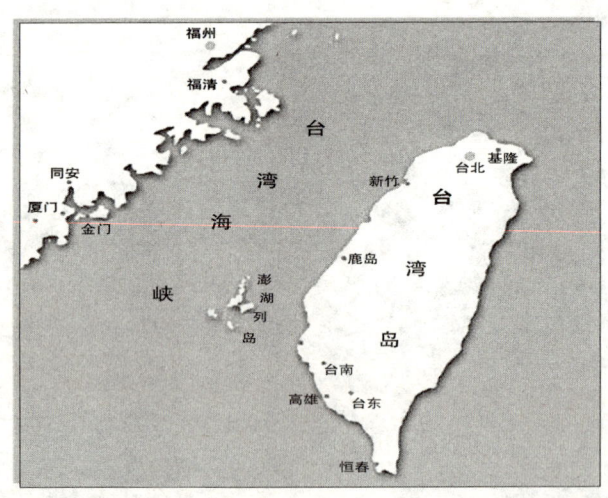

海洋地理

310. 什么是海岸？

海岸,是人类迈向大海必经的门槛。现在,人们是这样来定义海岸的:它是"海洋和陆地相互接触和相互作用的地带"。形象地说就是"大海和陆地相互握手和相互拥抱的地方"。科学家们还有更严格的定义呢,他们以海浪对大陆的影响来确定海岸的范围。先从海水最低潮时海浪能打到的海底位置开始算起,一直向大陆方向伸展,到海浪最高潮时暴风浪能够打到的地带为止,都应属于海岸。不过平常我们所说的海岸要比前面说的窄一些,就是"海水淹不到的地方"都算海岸,而那些每天都被海潮淹了又露出的长长的地带则被称为海滨(或者叫海滩)。

311. 地球上的海岸线有多长？

如果同学们仔细地观察地图,你们可以看到,每一片大陆与海洋的交接处是那么的不规则,这些交接线就是海岸线。全世界的海岸线曲曲弯弯、千转百回。要是把全世界所有的海岸线拉成一条直线的话,足有44万多千米,比从地球到月球的距离还要长6万千米呢。在全世界的海岸线上,分布着无数经济发达的城市,它们就像一颗颗翡翠镶嵌在海岸线上,而漫长的海岸线就像是一条镶满珍宝的玉带围绕在大陆的边缘。

312. 海岸带有什么重要意义？

自从人类进入文明时期以来,海岸带就逐渐成了人们经济活动最频繁的地区。要知道,世界人口的三分之二居住在海岸带和它附近的区域。这么多的人生活、工作在这些地带,不光享受着陆海交通的便利,进行着晾晒海盐、开采石油、捕捞和养殖海产、围垦土地等重要的经济活动,而且海岸带那千姿百态、引人入胜的地貌特征,又成了吸引众多游客的旅游胜地。当然,事情也有不利的一面。海岸带的气候变化很大,台风和海啸时常侵犯这里,沿岸的工业、农业以及人们的生命财产,往往受到很大的威胁;反过来看,人类过多的经济活动也会给海岸地带的生态环境带来不利的影响,比如,工业污染破坏了清洁的海洋环境,过度捕捞造成海产品日益减少……所以,同学们从现在开始,一定要注意保护我们的海洋环境,长大以后也要合理地开发和利用海洋,这样我们人类才能从海洋中受益无穷。

313. 我国的海岸线有多长？

同学们从《中国地图》上可以看到,曲曲折折的海岸线画出了我国的东南边疆和沿海岛屿。那么,你知道我国的海岸线有多长吗？科学家已经测出了它的长度是32000千米。其中大陆海岸线北起鸭绿江口,南至北仑河口,长达18000千米;另外还有6500多个海岛的海岸线,共14000千米。我国多变的自然环境,使我国漫长的海岸线多姿多彩,从地貌上大致可分成以下几大类型:雄伟壮丽的港湾海岸,粉沙淤泥质堆积的平原海岸,水乡泽国的河口海岸,风光旖旎的珊瑚礁海岸,灌木丛生的红树林海岸,风沙飞扬的沙丘海岸,危崖陡立的断层海岸。这些风景各异的海岸使祖国的海疆多了一道道美丽的风景线。

314. 港湾海岸是怎样形成的？

如果去大连海滨，你将会看到雄伟峻峭的岩壁，兀立洋中的礁石，咆哮的海水涌向海礁，卷起一阵阵白沫飞溅的浪花，这就是港湾海岸。

港湾海岸是怎么形成的呢？这些都是由于波浪成年累月永不疲倦地冲撞，使海岸的轮廓逐渐改变着，使伸向大海的山冈成了海岬，海岬突出部分为岬角，后来海岬被冲袭切断后退了，而形成断崖陡壁和岸石滩地。还有的岬角与海面相交接的地方被掏蚀形成海蚀穴，进而成为海蚀崖，有的还成为岩滩上的海蚀柱。而岬角遭破坏后形成的大量岩屑、泥沙，又被海浪沿岸推移，有的成了陆连岸。尤其又以我国辽东半岛南端的港湾海岸最为典型：旅顺口外的岩壁、老虎滩岸的巨岩断崖、黑石礁的一丛丛岩柱；小平岛沿岸岩壁中的海蚀洞、道；有些洞顶还被穿透了，就像天窗一样，成为浪花飞溅的通道。

此外，这种港湾海岸还广泛分布在我国山东半岛以及杭州湾以南的浙、闽、粤、桂沿海，为我们建造优良海港、海水养殖场和海滨浴场创造了条件。

315. 平原海岸是什么样子的？

在渤海两岸，华北平原直接与大海相连，那里岸线平直、地势低洼，海中水浅底平，距岸几十千米的大海中，水深仍只有三五米。海水黄浑，风平浪静，在平坦的泥质海底上，爬着海虾、大蟹，各种肥美的鱼群在养料丰富的海中戏游，这就是粉砂淤泥质堆积的平原海岸。

我国有长达2000千米的平原海岸，主要是渤海西岸及黄海西岸的江苏沿海两处。此外,辽河平原的外围以及浙江、福建和广东的一些河口与海湾顶部,也有小面积的分布。

平原海岸形成的主要因素是潮流与泥沙共同作用,使平原海岸不断变化的结果。平原海岸容易被冲刷而且容易被淤积,是陆海变迁"沧海桑田"的历史见证。由于海岸平坦,又有大河汇入,带来丰富的饵料,十分适合开辟盐田和养鱼场。同时,由于几经海陆变迁,使海滨平原蕴藏了丰富的油田,如今渤海湾已成为我国主要海上产油区之一。

316. 河口海岸是什么样子的?

河口海岸就是在大江、大河入海口处的一种海岸地形。

我国的大河多是从西向东流入大海,在入海处泥沙堆积成三角洲平原。有一些河口是喇叭形的海湾,称三角港,这种三角港是河水与海水长期交锋的结果。天长日久,三角港发展成三角洲,这里地处海滨,地势宽广平坦,河渠纵横,湖泊众多,土地肥沃。像长江三角洲、珠江三角洲,就都是被称为鱼米之乡的富饶的农业区。劳动人民在三角洲积累了丰富的生产经验,他们挖塘围堤,利用水堰养鱼灌溉,围堤上栽种桑树,并拦海围田,将荒滩变良田。河口海岸为我们提供了稻米、棉花、丝麻、各种水果蔬菜及鱼虾等必不可少的经济资源。我国较大的沿海三角洲既有呈现巨大扇形向海突出的黄河三角洲,又有四周平坦的长江三角洲和被丘陵山地环抱、充满港湾的珠江三角洲。

317. 我国海岸线东部起点在哪里？

在我国的地形图上东北部有一个小小的凸起，那就是我国万里海岸线的东部起点鸭绿江口。鸭绿江是我国与朝鲜民主主义人民共和国之间的国际界河。鸭绿江江水源远流长，它穿过森林茂密的崇山峻岭，流经葱翠起伏的丘陵地区，继而进入坦荡的河口平原，在丹东下游的东沟注入黄海。鸭绿江入海口的辽东半岛东沟位于岛的东端，北依群山，南临黄海，近岸大、小鹿岛以及一些小岛紧扼江口，历来被认为是辽宁东南海防的前哨。

318. 东港市为什么被称为"东北小江南"？

东港市是我国鸭绿江口的边境城市，它南临黄海，东依鸭绿江口，隔江隔海与日本和朝鲜相望，独特的地理位置也使它成为我国最东边的沿海城市。为了加快边境地区的发展，1988年3月18日，经国务院批准将东港市对外开放。

东港市素有"东北小江南"之称，它盛产水稻、水产品、水貂和水果。东港市是我国优质米生产基地，所生产的优质稻米，史称"贡米"，现在则属于出口免检的产品；它近海渔场面积广阔，沿海有3600余公顷滩涂，盛产鱼、虾、蟹、贝等80多种海产品。其中港养对虾1100余公顷，是我国对虾、鲜贝生产和出口的主要基地之一，全市现已形成对虾、贝类、鱼类、草莓、水果等八大商品基地。如果你有机会到东港市一游的话，一定会感叹这里真不愧是"东北小江南"。

319. 中国海岸线的西部端点在哪里？

我国有18000多千米的大陆海岸线，可你知道它的西端在哪里吗？

顺着地图我们会发现，从辽宁开始，我国的海岸线从东到西经过八省两市后，最后到达北仑河口。所以广西北仑河口就成为中国海岸线的西部端点。北仑河发源于十万大山，注入北部湾，下游为中越分界线。我国位于北仑河口的城镇为东兴镇，与越南的芒街隔河相对。经过多年的发展，这里已成为广西对外开放的一个窗口，对外贸易的发展又进一步带动了周边地区的发展。

320. 我国最西部的沿海城镇在哪里？

广西东兴是我国最西部的沿海城镇，具有沿边沿江沿海的优势，并且资源丰富，风光旖旎，八角、玉桂、桂油、香猪、香糯等名优特产驰誉中外，海产品有青蟹、对虾、鳐鱼、珍珠、海尤、墨鱼、石斑鱼等500多种。还有多姿多彩的自然景致，悠久而众多的人文景观，色彩浓烈的边陲民族风情，雅趣横生的山海奇珍，这些都吸引了国内外不少人士。

目前，东兴可以说是中国外来企业和办事处最多的地方，在这只有2万人口的小镇上，驻有全国26个省市及8个国家的办事处或企业700多个，城区注册经营商户6500户。1992年，东兴的边贸进出口成交额为4.5亿元，东兴与芒街交界的中越大桥已修缮一新，在挂起的"中越人民传统友谊万古长青"的巨幅标语下，游人只要向中越各付2元钱就可以出境游一次，北仑河上船只来往如梭,两岸游人乘船到对方参观购物者络绎不绝。现在,东兴已与越南协议开辟中越边境 1 日游和 7 日游。如果你想体验一下"出国"的感觉,东兴是个好的选择。

321. 我国有多少岛屿?

在世界上,我国是一个多岛屿的国家。我国有面积 500 平方米以上的海岛 6536 个,这些岛屿的总面积为 7.5 万多平方千米,岛屿岸线长 1.4 万多千米。这些岛屿散布在北起鸭绿江、南至曾母暗沙的广阔海域里。在这些岛屿中,90% 以上的岛屿属大陆岛,绝大部分濒临大陆,只有南海诸岛距大陆较远;长江口以南海面上的岛屿最多,占岛屿总数的近九成;东海沿岸岛屿也较多,其中浙江省的岛屿占全国岛屿总数的三分之一。值得一提的是,我国的许多岛屿如辽东半岛以南的内、外长山列岛,渤海海峡的庙岛群岛,长江口外的舟山群岛,珠江口外的万山群岛等,在沿海的主要战略要地形成了天然的屏障。

322. 我国主要的半岛在哪里?

我国虽然有 18000 千米的海岸线,但是,我国的半岛并不算多,较大的半岛有 3 个:位于山东省东部、胶莱谷地以东,伸入渤海与黄海之间的山东半岛,面积为 39000 平方千米;位于辽宁省东南部、辽河口与鸭绿江口连线以南,伸入渤海与黄海之间的辽东半岛,面积为 29400 平方千米;位于广东省西南部,伸入北部湾和雷州湾之间的雷州半岛,面积为 8500 平方千米。它们在世界上均属于比较小的半岛。

323. 我国最大的岛屿有哪些？

同学们已经知道，由于形成原因的不同，我们把岛屿分为大陆岛、冲积岛、火山岛和珊瑚岛。所以，要说岛屿的中国之最，还得看它属于什么岛。我国最大的大陆岛是台湾岛。最大的冲积岛是位于长江口的崇明岛，它也是全国第三大岛。最大的火山岛是位于台湾岛东南海域的兰屿。最大的火山群岛是台湾西部海域的澎湖列岛，其中澎湖岛最大。最大的珊瑚岛是位于西沙群岛西部的永兴岛，它也是我国南海诸岛中最大的一个岛屿。南沙群岛是我国珊瑚岛群中岛礁最多的一组群岛，同时它还是我国分布范围最广的群岛。

324. 你知道我国的"鸟岛"吗？

离我国大连市数十海里的一个小岛上，古老的沉积岩风化剥蚀，嵯峨多姿。每年有数千只海鸥、海燕、鹞鹰在此栖息，叽叽咕咕的叫声响彻海空。尤其是阳春三月，岛上聚集的海鸥不下万只。

在我国青海湖西部的布哈河口，还有一个面积只有0.27平方千米的"鸟岛"。这座小岛草木丛生，僻远幽静。每年春天，大地苏醒，坚冰解冻，成千上万只候鸟从遥远的南方成群结队地飞到岛上栖居，密密麻麻的鸟群，顿时把小岛编织成一幅绚丽多彩的地毯。当繁殖季节来临，岛上鸟窝密布，鸟蛋遍地。小鸟出世，张嘴齐鸣，呈现出一派生机。鸟岛上的"居民"主要是斑头雁、鱼鸥、鸬鹚和棕头鸥，它们各居一方，和睦相处，自由翱翔，繁衍后代。

325. 中国的"蛇岛"在哪里?

不少同学都看过金庸写的《鹿鼎记》,知道里面提到在渤海中的一个蛇岛。渤海中真的有蛇岛吗?的确不假,位于大连市旅顺口区西北面的渤海之中,距旅顺口约

大连蛇岛

7海里的地方,矗立着一个面积0.62平方千米、被称为小龙山岛的小岛,这就是驰名世界的蝮蛇王国所在地,也就是蛇岛了。蛇岛是世界上唯一的只生存单一蝮蛇的海岛。小龙山岛这个名字很少有人知道,但只要你说旅顺口有个蛇岛,那就几乎人人皆知了。

小龙山岛从西北到东南长约1.7千米,东西宽约0.7千米。从东南向西北,地势逐渐升高。东部沿岸地势较低,海滩较宽,在海浪冲击下,形成许多海蚀穴、海蚀洞和海蚀柱。西南部陡峻,最高点为216米。如果没有岛上

的数以万计的蝮蛇,这里就是一个无名的小岛,可正是这些看起来十分恐怖的蝮蛇使这里成为远近闻名的"蛇岛"。

326. 为什么蛇岛上会有这么多的蝮蛇?

也许同学们会问:为什么小龙山岛上会有这么多的蝮蛇呢?这还要从蝮蛇本身的习性说起。蝮蛇属爬行动物,是卵胎生。每年五六月和八九月交尾。交配期内,雌蛇放出一种气味引诱雄蛇。交配后的雌蛇能连续3个~4个月形成受精卵,卵在母体子宫内孵化,每次可产小蛇4条~14条。小龙山岛上的岩石中有许多裂缝,为蝮蛇的穴居提供了良好条件。而且,小龙山岛上植被繁盛,土壤疏松,地理环境适于蝮蛇生活、繁衍。因此,岛上栖息着这么多蝮蛇也就不足为怪了。

327. 为什么要在蛇岛设立自然保护区?

我国"蛇岛"小龙山岛上蛇的数量到底是多少?说法很不一致。1932年日本人上岛考察过,声称有50万条蝮蛇。新中国成立后,我国科学家上岛考察,估算岛上有蝮蛇5万多条。1976年,辽宁省科学家又上岛进行了一次考察,结果是大概只有2万条蝮蛇。而且发现以后蛇的数量在逐年下降,最少时不足1万条。这是为什么呢?原来,许多以捕蛇为生的人悄悄上了蛇岛,滥捕滥杀,有的把蛇卖给菜馆,有的把蛇杀死后取蛇毒,加上生态环境遭到破坏,破坏了蛇的生存条件,所以蝮蛇数量下降了。

1980年,我国政府把小龙山岛列为自然保护区,重点是为了保护蝮蛇,这么做有价值吗?有的,而且非常重要。专家们说,对小龙山岛进行长期观察,有利于生态系统平衡的研究。因为这个岛虽小,但生态系统相当典型,蛇吃小鸟,小鸟吃昆虫,植物以鸟粪为肥料,靠蛇耕耘,形成了以蛇为中心的完整的生态系统。现在,科学家们千方百计在改善岛上的生态平衡,促使蝮蛇每年以1000条的速度增长。现在的小龙山岛真正成了蝮蛇的天堂,成了世界独一无二的神奇海岛。

328. 中国有个"海猫岛"吗?

海猫岛位于旅顺口区江西镇董砣子村西约7.2千米处的渤海之中,海拔高度为118.7米,面积0.3平方千米,岛西至西南岩礁群是黄鱼和黑鱼集聚之地。岛南水深7米~10米,可停泊100吨以下船只1艘~2艘。该岛常年有成群的海鸥栖息,因当地人将海鸥称为海猫,故名海猫岛。海猫岛气候适宜,雨量充足,灌木丛生,很少受敌害,使它成为海鸥的乐园。这里的海鸥求偶方式很奇特,先是雌海鸥主动向雄海鸥发出亲昵的求爱叫声,雄海鸥一旦被其"感动"而作出某种反应,雌海鸥会立即向对方索要可口的食物作为彩礼,当它们组成"新家"时,还要在"新房"前相互鞠躬两三次,以示"爱情"忠贞不渝。然后共同担负起哺育后代的义务繁衍下去。

当人们走上小岛主峰,会有"遥看碧波小龙风,崖前飞鸥似云行"之感,成千上万只海鸥拍打着双翅,盘旋在你的头上轮番俯冲,甚至排下粪便,直到把人赶走方罢休。到了八九月,气候变冷,又有雁鸭类等远方来客路过这里歇脚,以便一鼓作气飞越渤海到山东半岛,此时海猫岛格外热闹。海猫岛目前已引起有关部门的重视,它对研究我国候鸟迁徙路线有一定的价值,也将为开展海岛观光提供新的内容。

329. 山东省有多少海岛?

在我国6500多个美丽的岛屿中,山东的海岛只占了大约二十分之一。说起山东海岛的来历,还有个动人的传说呢。传说很久以前,慷慨的海龙王随手将一把珍珠撒在波涛汹涌、水光潋滟的渤海和黄海沿岸,于是山东省就有了326个海岛。尽管这只是个传说,但326个海岛却是确实的数字,一点也不夸张。它们大小不同,形态各异,像翡翠宝石一样镶嵌在山东的海岸。

330. 山东的海岛栖居着多少种海鸟?

在山东的海岛上的海鸟非常多,经初步调查有65种,隶属14目、32科、49属。其中有国家一类保护鸟白鹤,二类保护鸟大天鹅,三类保护鸟苍鹰、雀鹰、松雀鹰、红华、纵背小鹃、短耳鹭6种。以旅鸟为优势,计45种,占总鸟数七成,候鸟12种,留鸟7种,是名符其实的鸟类王国。其中千里岩岛是候鸟、旅鸟南北迁徙必经和停歇栖息的中途岛。有国家重点保护鸟类8种,中日候鸟保护协定中保护鸟类38种。青岛地区鸟类分布新记载3种,即红嘴滨鹬、灰脸鹭、海鸥等。东由岛、海驴岛也有数以万计海鸥、海鸭子等栖息繁衍。每年还有成千上万只国家一级保护鸟类丹顶鹤到棘家堡子岛"观光"。

331. 山东海岛"之最"有哪些?

山东有326座海岛,组成一个海岛王国,于是也就有了属于王国自己的"吉尼斯世界大全",随之衍生出诸多"之最"奇趣。

最大的岛是南长山岛,面积为13.43平方千米。最高的岛是灵山,高513.6米,为我国第三高岛。最低的基岩岛是泥岛,只有2.5米。最长的岛是南长山岛,为7.35千米。最短的岛为小石婆婆岛,只有0.06千米。离大陆最近的岛是汇泉角尖岛,为0.003海里。最远的是大钦岛,达28海里。黄岛人口最多,达19650多人。拥有海岛最多的岛群是滨州近岸(按地理属性划分六大岛群,即滨州近岸、长岛、烟威北部、东南部、青岛近海、鲁东南前三岛岛群)岛群,共89个。从位置看,最南是达山岛,最北是北隍城岛,最西是大口河岛,最东是海乌石岛。全国第一处航海博物馆建在庙岛。长岛县为山东省唯一的海岛县,是山东面积最小、人口最少、经济最富的县。海岛最少的沿海县是莱阳县,只有一个香岛。风最多最大的是千里岩岛,一年四季阵风不断。自然灾难最多的是棘家堡子岛,从元末至今,有案可查的风灾13次,有"大风拔树、毁屋、害稼、引起海溢"的记载。

332. 田横岛在哪里?

在祖国黄海浩瀚辽阔的海面上,碧波万顷之中掩映着一座美丽而又神奇的海岛,它就是历史名岛田横岛。田横岛西距大陆3千米,南距青岛码头68千米,与著名的崂山风景区隔海相望。

这座海岸线长8千米,面积仅为1.46平方千米的袖珍型海岛,不仅以其特有的历史文化与人文精神称名于世,其优越的地理位置、宜人的气候特征、旖旎的海岛风貌、丰富的海产资源也使之不负虚名。岛上空气清新,苍松滴翠,温暖湿润的海洋性气候造就了冬暖夏凉的人间胜境;岛上南北两坡风格迥异,南坡岬湾相间,礁奇水秀,是垂钓的绝好去处,北岸湾深,港静,是游泳、帆船、摩托艇等海上运动项目的极佳场所;田横岛周围的海域是富饶的海上牧场,盛产鲍鱼、扇贝、海带等海产品,为岛内千余口渔民的渔牧生涯提供了丰厚的物质基础。此外,遍布海岛的人文自然景观,人皆成诵的神话传说更使它平添一份新奇的神韵。

333. 田横岛的名字是怎么来的?

田横岛的得名缘于一桩惊天动地、壮美凄绝的千古传奇。据历史记载,秦朝末年,陈胜、吴广起义,群雄并起,逐鹿中原,刘邦的手下大将韩信带兵攻打齐国,齐王田广被杀,原齐国贵族田横率500将士退踞此岛。刘邦称皇帝以后,多次派特使诏见田横,田横以统一大业为重,说服部下留在岛上,带两位门客前往洛阳,

田横岛

一路风餐露宿,长途跋涉,在公元前202年到达离洛阳30里外的偃师驿站。可到达此处才知刘邦的诏见并没有诚意。田横异常气愤,他面向东方故土,遥拜齐国山河,高唱:"大义载天,守信覆地,人生贵适志耳!"于是横刀自刎。岛上500将士闻此噩耗,集体挥刀殉节。世人惊感田横500将士之忠烈,收殓了遗骨,合葬于岛顶,并建了一座庙来纪念,并命名此岛为田横岛。

坐落于岛内最高峰田横顶上的义士墓,墓周长30米,高约2.5米,是田横岛最著名的历史史迹。今天已变成了海上的旅游胜地,被列为青岛市十大旅游景观之一,随着海岛的进一步开发,田横及500义士的故事将会广为流传,田横岛这颗海上明珠将更加迷人夺目。

334. 刘公岛上有什么历史遗迹?

刘公岛位于山东省威海湾口,距市区旅游码头2.1海里,乘旅游船20分钟便可到达。它面临水云连天的黄海,背接湛蓝的威海湾,素有"不沉的战舰"之称。刘公岛北陡南缓,东西长4.08千米,南北最宽1.5千米,最窄0.06千米,海岸线长14.95千米,面积3.15平方千米,最高处旗顶山海拔153.5米。岛东碧海万顷,烟波浩渺,岛西与市区隔海相望。全岛植被茂密,郁郁葱葱,以黑松为主,多达2700余亩,1985年被命名为国家森林公园。1999年刘公岛被建设部命名为"国家文明风景区"。

每年吸引40多万游人的历史名岛刘公岛,在明朝万历年间,登州知府陶郎先招居民进岛耕种,并在岛中高峰设墩台,派军戍守。1881年(清光绪七年),北洋水师在岛上设鱼雷局、屯煤所。1888年,又在岛上设水师学堂、北洋海军提督署和铁码头。至今岛上有清朝北洋水师提督署旧址及水师学堂、民族英雄邓世昌习武、练兵之处,以及旧舰、炮台等重要文物古迹。创建于1985年的中国甲午战争博物馆,是以北洋海军和甲午战争为中心内容的纪念性博物馆,馆址设在刘公岛原北洋海军提督署内,馆名由时任中共中央总书记、国家主席江泽民同志题写。现在,这里已成为青少年爱国主义教育基地。1898年甲午海战,将刘公岛载入史册,多少年来,刘公岛见证着历史的那一刻。

335. 养马岛在哪里?

养马岛位于山东省的烟台市牟平区,据说秦始皇东巡时,走到海边,突然看见一座岛上有许多马在奔驰,其神态甚为神俊。秦始皇以为是天赐,于是便封此岛为养马岛,专为秦始皇养马。从那时开始,养马岛上就开始饲养良马。现在养马岛上仍养有很多骏马,并设有跑马场,让游人欣赏海岛的天然美景的同时,也能领略到跑马的乐趣,如你到烟台旅游,可别忘了到养马岛骑马。

因受海洋气候调节,这里春冷、夏凉、秋暖、冬温,为避暑胜地。这座风景秀丽的海岛,岛前海面宽阔,风平浪静;岛后礁石嶙峋,惊涛拍岸;岛上丘陵起伏,草木葱茏。东端一片碧水金沙,为优良浴场。养马岛是山东省重点旅游开发区,1991年被国家定为84个旅游景点之一。岛上建有"海底洞天"、"海上乐园"、"赛马场"等景点。到养马岛旅游,那里清静安宁的环境、纯净新鲜的空气、湿润适宜的气候,的确让人深感惬意非凡。而种类繁多的海上游乐项目,除了环岛观海、海边垂钓、入海畅游,还有黄昏时的提篮赶海、傍晚后的沙滩篝火、晨风中的海边漫步,而最令人兴奋的,莫过于品尝那里各种品质上乘的海鲜和玩各种乐趣无穷的马术运动了。

336. "小青岛"为什么又叫"琴岛"?

在山东省青岛市的著名风景区栈桥上隔海相望,有一座山岩耸翠、林木青葱的小岛,这就是小青岛。小青岛小巧如螺,只有0.012平方千米,因其像一把古琴漂于水中,因此人们便称它为"琴岛"。1900年(清朝光绪二十六年),强占山东的德国人在岛上建造了一座灯塔。新中国成立后对琴岛灯塔进行了修建,增高了塔身。现塔高15.5米,全身洁白如玉,呈八角形,是船只进出胶州湾的重要航标。现今的小青岛上,黑松、樱花、碧桃、石榴、木槿、紫薇等花木扶疏,琴女雕塑那婀娜的身姿和造型别致的花廊、水榭、凉亭、餐厅等,使小青岛更加妩媚动人。每当夜幕低垂,华灯初上,特别是皓月当空时,月光、塔光与栈桥灯光相互辉映,映照于碧波之中,闪闪烁烁,碎金熠熠,景色迷离,使人恍若置身蓬莱仙境,是闻名的青岛十景之一,叫琴屿飘灯。

337. 青岛的栈桥身世如何?

到青岛去旅游,栈桥是必游之地。位于老市区前海沿的栈桥是青岛的象征。栈桥建桥已有100多年的历史。1891年登州镇总兵章高元调兵移驻青岛后,先在青岛村修建总兵衙门,然后在前海处搭起一座长200米左

青岛栈桥

右、铁木结构的简易码头,当时只供军用,故名栈桥。

如今的栈桥是新中国成立后几经修建而成的。由公园中突入海内的前海栈桥,北与中山路相接,向南一直伸入青岛湾深处,尽头的回澜阁,翘角重檐,别致非凡。游人漫步于栈桥海滨,可见青岛外形如弯月,栈桥似长虹卧波,"回澜阁"熠熠生辉。所谓"长虹远引"、"飞阁回澜"就是指的这个地方。

338. 青岛石老人指的是谁?

从青岛市区到著名的崂山风景区的途中,在公路南面海边有个石老人村,村外离岸百米开外的海上,屹立着一块高18米的巨大礁石,其形状酷似一位风尘仆仆的驼背老人站在那里眺望大海。在朝阳的映照下,那"老人"周身闪射着古铜色的光泽。及至近前,连老人的头发、眼窝、眉骨和睫毛也都依稀可辨。这里碧波似缎,群峰如屏,山环水绕,野趣逗人。随着荡漾的波光,"老人"仿佛随碧波而起伏。每当风涛涌起,那飞溅的白花花的水沫,如团似簇。景色别致,奇特动人,更增加了这里的神秘气氛。这便是富有神话色彩的著名旅游景点石老人。

相传在很久以前,这里住着一位老渔民,跟他的独生女儿牡丹相依为命。牡丹心灵手巧,才貌过人。龙王闻之,派虾兵蟹将将姑娘抢入东海龙宫,可怜的老渔民,日夜思念女儿,从此便天天坐在礁石上望海,盼着女儿的归来,日久年深,便化成了一块面向大海的石头人。这个动人的故事只不过是民间传说而已。其实,它只是大自然千百年来精雕的一副特殊的岩石罢了。在很久以前,这里原是一个伸进大海中的尖形的陆地,这里的岩石与别处不同,经受海浪的能力很弱,岩石受着风吹浪打而度过了漫长的岁月,经海浪的精心雕琢,使岩石千疮百孔,嶙峋多姿,慢慢形成一个"老人"的模样。

如今的石老人,容你将世界绝美的一片黄金海岸纳入视野。这里远离喧嚣,舒展而静谧,海光山色,令人心旷神怡。石老人村已经成为集观光、度假、商务、会议多功能一体的国家旅游度假区。

如果朋友们去青岛,可一定别忘了去看看这位"老人"噢!

339. 团岛上有座"断魂桥"吗?

团岛,位于山东省青岛市西南。德、日、美统治时,岛上均驻有海军航空兵。同时侵略者也把此岛作为屠杀青岛人的刑场。人们把德国人修的连岛堤坝称为"断魂桥"。堤坝北头也曾是北洋军阀杀人的地方。中国共产党早期革命活动家李慰农、青岛《公民报》主编胡信之先生均牺牲于此。在享受今天和平时光的时候,我们也不要忘记,在这里记录着一部民族灾难史,同时也记录着一部中国人民不屈的抗争史。

340. 你到过庙岛群岛吗?

庙岛也叫长岛,闻名古今的"蓬莱仙境"就出现在这里。扼守渤海海峡的庙岛群岛,显然像一道"门闩"锁住了渤海的"咽喉"。小小的庙岛群岛是属于山东省的一个完全由岛屿组成的县。全县共有33个岛屿,全部面积加起来还不到56平方千米。

庙岛群岛的海面上有一道奇观,叫平流雾。在春去夏来或者夏去秋至时,东风缓缓地吹拂着外海的低层雾气。那云雾一样的气流像瀑布似的紧贴着海面直泻而来,近看似银幔低垂、轻纱遮掩,远看如岛屿浮沉、时隐时现,真让人浮想联翩,沉醉其间,再加上附近的真实景致更使人流连忘返。望夫礁好似等候亲人归来的女子;罗汉礁、香炉礁也都各如其名;北面的半月湾,弯似新月;千米滩岸上铺满了流光溢彩的各色球石,简直能和雨花石媲美;赫赫有名的砣矶砚石,更是制作文房四宝的上好材料。龙爪山下还有一个奇洞,洞内幽深莫测,洞外怪石嶙峋,洞壁满是青苔紫斑,偶尔一道阳光射来,立刻璀璨夺目。这海市,这平雾,这景致,让"海上蓬莱"庙岛群岛成为引人入胜的旅游胜地。

341. "蓬莱仙境"是真的"仙境"吗?

"蓬莱仙境"并不是真正有神仙的境地,而是在海面上空出现的远方景物的虚像,人称"海市蜃楼"。蜃是古代传说中的一种海中动物,当它吐气喷云时,天上就会有宫殿、楼台、城垣,还有往来的人物、车马,好不热闹。这种现象的确存在,而且现在的人们也会不时地遇见。但那并不是蜃在吐气时造成的。

我们知道,光线是沿着直线传播的,只是在传播途中遇到不同的介质时,会发生折射或反射现象。你在透明的玻璃杯中盛满水再插入一只筷子,就会看到折射现象。海面上的空气随着高度的增加,密度越来越小,当光线穿过这样的空气层时,就会被连续地折射,一条笔直的光线被"弯"成一道弧线。又因为这"弯曲"的光线可以绕过地球弯曲的表面,所以使我们的视野出现了地平线后面的景象。古人们不明白其中的道理,就感叹道"欲从海市觅仙踪,令人可望不可攀"。

342. 海门岛哪里去了?

相当于今苏北沙洲的南部海区,黄沙洋口东北方,历史上曾经有一个岛,叫海门岛。海门岛风光宜人,物产丰富,可自唐宋以来,它却曾是死罪的囚犯被放逐服役的场所。但就在几百年以前,海门岛却消失在滚滚黄海之中了。

茫茫烟涛外,海门何处寻?人们遍览历史典籍,试图找到答案,但苦于文中说法相互矛盾,莫衷一是,令人百思不得其解。那么,海门岛什么时候沉没的呢?人们从明代《万历通州志》的记载中推断,至少到1577年时海门岛已经沉了。海门岛的谜如何解开,尚待人们去探索研究。也许有一天人们会从海底打捞上什么重要文物,那时笼罩在海门岛问题上的迷雾就会消散。正是:海门之谜纵千般,谜底正在海深处。

343. 中国的"蝶岛"在哪里?

福建省的第二大岛东山岛,因其形状像一只蝴蝶,因此叫它"蝶岛"。东山岛,又名"铜仁营",位于漳江口,面积173.75平方千米。它原本是一些分散的岛屿,是由多条沙坝将它们连接起来而成为一个岛。其中一条最长的沙坝长达10千米。自1961年建海堤后,东山岛与相邻的云霄县之间宽600米的水面已有大堤相连,自此东山岛便成为陆连岛。东山岛地近北回归线,终年温暖,降水适中,而且全年均是无霜期。东山岛气候的最大特点是多大风,一年中有133.5天有8级以上的大风,在5—10月最易受台风的袭击。岛的周围海域是福建省重要的渔场之一,盛产带鱼、鱿鱼、鲨鱼等。岛西南的西埔港,海底为砂泥质,水质肥美,水深适度,是围港养殖鱼虾的理想场所。

344. 东山岛人为什么会"崇龟"?

东山岛人有一种奇特有趣的崇龟现象,把龟当作"福、禄、寿、喜、财"的象征。有些人家甚至专门到市场买龟,在龟背刻上姓名、年份等,然后放生,称这为行善积德。

在东山岛有这么一个历史传说:郑成功募兵在东山岛操练水师,准备收复台湾,时逢酷暑,吃水困难。一天,郑成功在海边发现一只爬行的龟,就悄然跟踪到窝边。他从龟喜欢潮湿得到启示,即抽剑插地,命士兵掘井,果得甘泉如涌,后人称此为"万军井"。民间养龟、玩龟之风颇盛。居家喜欢在庭院或天井中养龟,因为龟能吞食蚊蛆,又能预测晴雨。岛上有座被视为海峡两岸文化渊源的祖庙,叫铜陵关帝庙,庙中曾养着一只赤米龟。据说龟龄近百年,每逢气候异变,龟背湿度、颜色皆不同平常,人们称这只能预测天气的龟为"神龟"。

龟之所以受到东山岛人垂青,很可能还因它是我国的与龙、凤、麟合称"四灵"的缘故,但这"四灵"中有3种是虚拟动物,并不存在,只有龟是唯一与人类关系密切,自然界中活生生的吉祥物。可见,东山岛人对龟并不是无缘无故的爱。

345. 什么是"石蛋"地貌?

在福建、浙江东部海岸,山岭很多,都是由花岗岩、火山岩构成。花岗岩经漫长岁月风化剥蚀后,易形成球状"石蛋"地貌,如厦门鼓浪屿的日光岩,就是一座花岗岩造就的大石蛋。石蛋有大有小,一旦断开崩塌滚落平坦的盘石上,往往形成"风动石"奇景。福建东山岛的风动石、泉州的碧玉毯和浙江普陀山的磐陀石,就是这类奇石中的佼佼者。

346. "风动石"为什么被称为"天下第一奇石"?

风光旖旎的福建东山岛上,有块天造地设的奇石,名叫风动石,自古以来名扬中外,被誉为"天下第一奇石"。

风动石危立于东山岛铜山古城东门海滨,石高4.73米,宽4.57米,长4.69米,重200多吨,形似硕大的兔子,斜悬于一块卧地的盘石上,上下二石吻合点仅有数寸见方。风动石奇就奇在大风不来巍然难动,大风一吹就摇首点头。它面对烟波浩瀚的台湾海峡,海风劲吹微微晃动,蔚为奇观。自古慕名而来的中外游人,常在石下背向大海,仰头观石,此石宛若悬空摇篮,摇摇欲坠,令人提心吊胆,但却有惊无险;也有坐在盘石上,背靠大石用力推动,但觉巨石轻度摇晃,给旅游者平添了无穷乐趣。更令人称奇的是,1918年2月13日,东山岛发生7.5级强震,山石滚落,屋倒人亡,风动石竟安然无恙。

347. "碧玉毯"在什么地方?

福建泉州东门外,灵山伊斯兰教圣墓附近,山前有一块大盘石,可坐百人左右,盘石上矗立一块似方而圆的天然滚石。石高4米多,周围长可十多人牵手合抱,估计重量达百吨以上。此大石只要用手摇撼,就会悄然而动,甚至有点弱不禁风,阵风吹来,似乎也在摇晃,于是人们便也称它"风动石"。其实它"稳坐钓鱼台",不会滚下坡去,历经无数次的台风和地震,却都依然如故。

明朝泉州知府周道光来此游山,见此石有趣,便取名为"碧玉毯",并镌刻三个大字于石上。还有人题刻了"天然机妙"四字,表示对此石的赞赏。明代有位诗人写了首赞美诗:"湖边球石碧琅玕(像珠子一样的美石),太守题名拥紫坛。涌月寒开云母殿,流星秋泻赤瑛盘。动时锦水将轮转,圆处巴山作镜看。几度鹤笙天外过,仙妹闲驻弄珊珊。"想象得连天山上仙女都要来戏弄此石,可见它引人入胜之处。所以"玉球风动"自古被列为泉州一景。

348. 普陀山为什么被称为"海天佛国"?

普陀山是东海舟山群岛中的一个小岛,南北长约6千米,东西宽约3千米,面积约12.5平方千米,海拔300米,位于舟山群岛的东南端。

提起普陀山,有人曾这样来评价:"以山而兼潮之胜,则推杭州之西湖;以山丽兼海之胜,当推舟山之普陀。"普陀山作为山海胜景而闻名遐迩,不仅在于它的天然风景绚丽多姿,还在于它与九华山、峨眉山、五台山合称为中国佛教四大名山的缘故。相传南海观世音曾在这里和对面海中的小岛洛伽山讲经说法,超度众生,因而普陀山向以"南海圣境"、"海天佛国"、"蓬莱仙岛"而著称。早在2000多年前,这里就已闻名。历代封建帝王都看重这块风水宝地,先后在这里立庙建寺,形成了以普济、法雨、慧济三寺为主的建筑群。三寺坐落在雄奇幽秀的山麓中,显得巍峨壮观,气势非凡。

349. "天下第一石"是什么"石"?

浙江舟山群岛普陀山,是我国佛教四大名山之一。

在普陀山的西天景区,也有一块"风动石",它就是被誉为"天下第一石"的"磐陀石",是普陀山的一大奇景。磐陀石高2.7米,宽约6米,体积40余立方米,重量达100多吨,石头上可容纳几十人。石头呈菱形,凌空孤峙,望之若悬;石身与底座相接面积仅几平方厘米,与风动石相似,欲坠不坠,蔚为奇观。佛教传说,磐陀石为南海观世音的说法场所。

明代抗倭名将侯继高,在石之西面刻有"磐陀石"三个大字,苍劲醒目。1916年孙中山先生游览普陀山到此,提笔书"美石"二字镌刻于石上。石之东面尚有"金刚宝石"、"西天"等历代题刻。当黄昏来临,晚霞映在石上,磐陀石宛若一块镶嵌在彩霞间的宝石,因而"磐陀夕照"是普陀山著名十二景之一。游览佛国普陀的人,都乐意到这里欣赏佳景,摄影留念;石上著名人士的题刻,更使磐陀石名声远扬。

350. 我国最大的群岛是哪个群岛?

从我国最大的海港上海港乘船向南行驶,只要几个小时,你就能望见那遥远的水平线上起伏的山影。随着山影的变大,我国最大的群岛——舟山群岛那美丽的身姿渐渐显露出来,它像一颗巨大的翡翠,镶嵌在祖国的碧海蓝天之间。

在浙江省的东部有两座大山:四明山和六台山。它们像两条长龙,身躯在大陆,龙头却扎进东海,那露出水面的"龙头上的犄角"就是舟山群岛了。准确地说,舟山群岛是两座大山伸向大海的余脉。它的范围,从北边的嵊泗列岛到南边的六横岛,在2万多平方千米的海域里,有600多座大小岛屿星罗棋布。岛屿的总面积加在一起足有1200多平方千米,不愧是我国最大的群岛。舟山岛是群岛的主岛,面积有523平方千米,整个群岛居住着上百万的人口呢。

351. 舟山群岛为什么会被称为"祖国的鱼仓"?

让舟山群岛扬名于世的是它的水产业,它不愧是我国最大的渔场,荣获了"祖国鱼仓"的美称。你只要上了岛,到处都能闻到鱼腥气,随时可尝海鲜味呢。

舟山群岛渔场的面积占了整个海域的四分之三。居住在那儿的人们,每四个人中就有一个从事下海捕鱼。他们拥有几千条渔船,每到捕鱼的高峰汛期,人们从各地云集而来,海面上几万条海船你挨我挤的,真是蔚为奇观。每年捕捞上来的鲜鱼量相当于全国的四分之一。海岛上有全国最大的鱼粉厂、制冰厂和水产冷冻加工厂,岸边的水产商店鳞次栉比,人群熙熙攘攘,好个热闹。

美丽的舟山群岛,春天盛产小黄鱼、鲥鱼、马鲛鱼;夏天可以捕捞大黄鱼、墨斗鱼等;秋风吹来时又能收获海蜇、海蟹;就是到了寒冷的冬天也能捕到带鱼、鲍鱼、海鳗,甚至凶猛的鲨鱼呢!这其中最多的还是大黄鱼、小黄鱼、墨鱼和带鱼这四大经济鱼类,人称中国的"四大海产"。

352. 舟山群岛为何会有如此丰富的水产品?

也许你们不禁要问:这么丰富的"天然大鱼仓"为什么会出现在这儿呢?原来,这里海域开阔,能直接和大洋相通。海水的温度终年都在10℃～25℃之间,而且水势比较稳定,海水中的含盐量不高也不低。这些良好的条件当然就吸引了好多种鱼类来此生息繁衍。还有,长江、钱塘江、甬江等大河流入东海,给这里源源不断地送来大量的浮游生物,为鱼类提供了丰富的美餐佳肴。另外,一个特别之处是:从舟山群岛南边来的台湾暖流和从我国北方沿岸流来的寒流在这里交汇,它们分别带来了北方的冷水鱼和南方的暖水鱼。加上这里水深适中,海底又平铺着软泥和细沙,更是鱼儿们生儿育女的好地方。于是,舟山群岛就成了群鱼大"聚会"的地方。

353. 浪岗岛的"东海夫人"指的是什么?

浪岗岛是舟山群岛最边远的一个小岛。岛小得"吸支烟,转一圈",低头一片水,抬头一片天,转来转去是石头尖。浪岗岛最有名气的还是淡菜。淡菜又叫贻贝、壳菜。它状似珍珠贝,肥大得像个小粽子,掰开一看,里面的肉是银白色的,又嫩又娇,古人称它为"东海夫人";那掰开里面发紫像云母,闪着珍珠般的光泽;两半分开之后,活像猫耳朵。在浪岗岛的岩石上,到处堆着这种贝壳。

淡菜明明是一种海里的贝类动物,为什么要叫"菜"呢?原来,淡菜从小就生长在岩缝石头上,有植物根须一样的吸盘,牢牢地吸在岩石上,从来不动,就像海里的植物一样,因此叫菜。它虽然生活在咸咸的海水里,但它的肉是清淡的、洁白的,营养价值很高,是一种高蛋白。经常吃能舒筋活血,防治高血压,健肠胃,因此加个"淡"字也不能说是没有道理的。如今许多渔业队已经掌握了这种淡菜生长的规律，开始人工繁殖。青岛人叫"海红"，舟山群岛人叫"毛娘"的，都是野生淡菜的变种。

354. 哪个岛是福建第一大岛？

平潭岛是中国福建省沿海第一大岛。因为它的形状好似坛子，因此称它为"海坛岛"。它位于福州市沿海东南，西隔海坛海峡与大陆相望，周围有110多个岛屿分布，总面积约124.05平方千米；其中较大的有大练岛、屿头岛、大庠岛、草屿、塘屿等，与主岛平潭岛及其周围小岛，组成福建省的平潭县。平潭岛是由许多沙拦连结起来的岛连岛。周围由花岗岩组成的数十米至百余米的丘陵，中央是一片由砂质组成的平原。岛东北部的君山海拔456米。该岛海岸线十分曲折，多岬角、海湾。岛西部的平潭湾，是避风良港。平潭岛属海洋性气候，最冷的2月平均气温为10.5℃，全年均为无霜期。沿海鱼类资源非常丰富，产于这里的鱼类达500余种。

355. 金门岛有什么战略意义？

金门岛也称"大金门岛"，简称"金门"。它位于中国福建省东南部，厦门市东厦门港口外。包括大、小金门岛，面积132平方千米。人口约6万。岛似哑铃状，东西宽，南北狭，多丘陵。农业以种植甘薯、高粱、花生、小麦及蔬菜等为主。渔业也很发达。金门现在已成为海峡两岸交流的重要窗口，金门是大陆和台湾距离最近的地方，这里和厦门的"小三通"，正是海峡两岸实现全面"三通"的一个开始。

356. "鼓浪屿"是怎样得名的？

在福建省厦门市西南,与厦门市区的鹭江之滨隔着700多米宽的厦鼓海峡,有一个椭圆形小岛,面积仅有1.84平方千米,这就是闻名遐迩的旅游胜地鼓浪屿。

鼓浪屿风光

鼓浪屿西南端有一块礁石矗立,由于海水的长期侵蚀,形成洞穴,每当海潮涌涨、波涛冲击时,洞中的声音就像擂鼓一样,鼓浪屿便由此而得名。

357. "鼓浪屿"为何有"海上花园"的美誉？

鼓浪屿山岩奇巧,怪石嶙峋,楼宇错落,树木葱郁,花草缤纷,山水如画,景色十分优美。入夜,全岛灯火辉煌,犹如一条巨大的彩船静卧在海面上。"欲游鼓浪屿,首到日光岩"。日光岩是鼓浪屿龙头山的峰顶,山麓建有日光寺;当朝阳初升,阳光就会洒满寺中,日光岩即由此得名。寺后的巨石上有"天风海涛"、"鼓浪洞天,鹭江第一"的道劲题刻。登上岩顶极目远眺,浩渺大海,波浪滔滔,鼓浪全景、厦门风光以及大担、二担、圭屿、青屿等岛,可尽收眼底。日光岩南麓,有座幽雅别致的园林叫菽庄花园,这里的建筑仿《红楼梦》中贾宝玉所住的怡红院修筑,人称"怡红院",分藏海园及补山园两部分,各有五景。藏海园利用天然地势,借墙藏海,巧夺天工。园中横跨沧海百余米的"九曲四十四桥",别有情趣。桥长百余米,曲折玲珑,凌波卧海,涨潮时桥下碧波滚滚,落潮时显露一片金色海滩。从四十四桥尽头的招凉亭拾级而上,便是钟山园,园中绿树芳草,景色清幽,有精美亭廊数处,倚山建有"十二洞天",俗称猴洞。洞深数十米,大小不一,形状各异,曲折互通,上下盘旋,进入洞中,如入迷宫,故又称"迷魂洞"。

鼓浪屿,以它的山光水影、绚丽多姿、景色优美而著称天下。它像一颗璀璨的明珠,镶嵌在福建沿海的碧波之中,四季游人如织,堪称一座"海上花园"。

358. 厦门岛也叫"海上花园"吗?

厦门岛是中国福建省属第四大岛。位于福建沿海西南部,九龙江口外,面积110.60平方千米。从厦门第一峰洪济山顶俯瞰,厦门岛好似一只白鹭伫立于碧波苍雾之中。该岛地处亚热带,属海洋性气候。一年四季如春,花木繁盛,终年不衰,也有"海上花园"之称。

359. 澳门是一个什么样的城市?

1999年的12月20日,澳门终于回到祖国的怀抱,成为中华人民共和国两个特别行政区之一。澳门北与广东省的珠海市拱北连接,西与同属珠海市的湾仔和横琴对望,东面则与另一个特别行政区——香港相距60千米,中间以珠江口相隔。澳门由澳门半岛、氹仔岛、路环岛和路氹城四部分组成,在总面积共29.2平方千米土地上生活了50余万人,这也使澳门成为全球人口密度最高的地区。

澳门已经具有400余年的历史,是举世闻名的传统旅游城市。它那优越的地理位置,宜人的亚热带气候,种类齐全的博彩行业,人员和货币自由进出的国际自由贸易港管理制度,邻近旅游发达的香港,背靠新兴的珠海经济特区和富饶美丽的珠江三角洲,每年吸引了成千上万的游客前去观光。澳门的旅游业是澳门首要的支柱产业,除了澳门作为"世界四大赌城"之一吸引众多游客外,旅游业兴旺的另一个原因是澳门还有可供参观的数十个景点。400余年以来,东西文化的融和共存使澳门成为一个独特的城市:既有古色古香的传统庙宇,又有庄严肃穆的天主圣堂,还有众多的历史文化遗产,以及沿岸优美的海滨胜景。其中,大三巴牌坊是澳门最具代表性的名胜古迹。大三巴为1580年竣工的圣保禄大教堂的前壁,此教堂糅合了欧洲文艺复兴时期与东方建筑的风格而成,体现出东西方艺术的交融,雕刻精细,巍峨壮观。

360. "澳门"的名字是怎样来的?

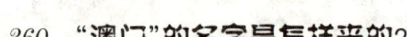

澳门的莲峰庙门有一楹联:"莲花涵镜海,峰景接连天。"它巧妙地用地名绘出了莲峰庙的风光。澳门原是广东的一个小渔村,原来有个带海水味的名字"蚝镜"。因为这一带很多地区海水较浅,盛产海产品蚝,地名也带蚝字,而这一半岛的南部有南北两个海湾,"规圆如镜",因此被命名为蚝镜。至16世纪初,刚刚抵达远东的葡萄牙人已听说这一带"除广州港口之外,另有一港名蚝镜"。那时,人们称舶口为"澳",蚝镜也因此而被称为蚝镜澳。蚝镜南方海域,分布着舵尾、鸡颈、横琴、九澳四岛,且四岛两两相对,海水纵横其中,成"十"字状,故被称为十字门。后来,人们将"蚝镜澳"和"十字门"各取一字,合称澳门。也有人说,蚝镜澳有南台、北台两山,它们相对如门,被人们视为蚝镜澳的门户,故称之为"澳门"。因这一地名称谓通俗,便逐渐取代其他地名。到明末清初,也就成了蚝镜的正式地名。但文人仍以镜海等作为澳门的别称。现澳门人仍将半岛与离岛冰仔之间的海面称为镜海。

361. 澳门为什么又叫"马交"?

16世纪初,葡萄牙人来到澳门,首先映入眼帘的就是高耸于山巅的妈阁庙,登岸后见当地居民口里说的和信奉的都是妈祖,故用妈祖称呼此地,在葡文中简化为Macau,在英文中写作Macao,中文翻译为"马交"。葡萄牙人对它的全称为"中国阿姑神名城",可见其影响之深。1987年4月,为纪念中葡正式签署《中葡联合声明》,我国邮电部还发行了刊有妈阁庙的邮资明信片。

362. 澳门的妈阁庙是怎样来的?

说起澳门的历史,有人说先有妈阁,后有澳门,这话有一定的道理。据考证,早在6000多年前的新石器时代,现在的澳门一带海湾就有中华民族祖先居住。而人们开始大量定居却是在南宋皇朝倾覆之际。当时,大批退至南海的南宋遗民将这一带海湾作为藏身之地。当人们战胜惊涛骇浪,登上陆地后,为感谢神灵保佑,在岸边树起了祭礼海神妈祖的庙宇,开始可能是草棚的,后来逐渐盖上了高大庙宇。位于澳门半岛最南端妈阁山上的妈阁庙就是这样建起来的。

现存的妈阁庙建于1488年,已有500年历史,是澳门最古老的建筑之一。妈祖即宋朝民女林默娘,相传生于宋建隆元年(公元960年)3月23日,自幼聪颖,具有神通,多次搭救渔民。宋雍熙四年(公元987年)九月初九日,"羽化升天",被渔民尊为海神。每年3月23日"天后诞",人们纷纷到妈阁庙拜祀,庙前广场盖搭戏棚演戏,人潮如流,紫烟缭绕,一片吉祥,被称为"妈阁紫烟"。

363. 我国第一大岛是什么岛?

台湾岛是我国第一大岛,位于我国大陆东南海面。我国台湾省包括台湾岛、澎湖列岛、钓鱼岛以及其他岛屿,总面积35981.2平方千米。其中,台湾岛南北长394千米,东西宽15千米~144千米,面积为35774.68平方千米。台湾岛西面隔台湾海峡与福建省的金门、厦门相望。台湾岛是一个多山的海岛,海拔3000米以上的山有62座。位于中央山脉西侧的玉山山脉,主峰海拔3997米,是台湾省第一高峰,也为中国东部地区的最高峰。发源于中部高山的大小溪流向四方奔流入海。主要河流有浊水溪、淡水河等。岛屿东部海岸多悬崖,水深流急,风浪较大。它的矿产资源主要有金、硫黄、煤、石油、天然气、盐等80余种;雨量充沛,森林面积占全岛的三分之二,山地盛产红松、扁柏、樟木及樟脑。台湾的平原盛产稻米、甘蔗、茶、菠萝、香蕉、柑橘、龙眼等;海域渔业资源丰富;台湾岛上的基隆、高雄为两大重要海港。

364. 台湾岛名字是怎么来的?

台湾是我国的东海明珠,先秦时期称之为瀛洲,三国时称夷州,隋唐时叫流球,宋代称毗舍耶,也称毗舍那,元代称为琉球,明代初期叫作东番,至明朝万历年间开始才称台湾,此后,这个名称就一直沿用下来了。关于它的得名,据说是因为这里地形如弯弓,浮海如平台。由此可见自古以来,台湾就是祖国神圣领土不可分割的一部分。

365. 为什么说台湾岛是"年轻的岛"?

台湾本岛是一个多山的海岛,这些山脉的走向与祖国大陆东部沿海地区的山脉走向是一致的,呈东北西南走向,山势总的特点是东边比西边陡,构成海岛的东半部群峰挺秀,山势险峻。这样的地形是怎样形成的呢?这先要从"东亚岛弧"谈起。

大约在2亿多年以前,这里的地壳褶皱隆升,奠定了台湾的地

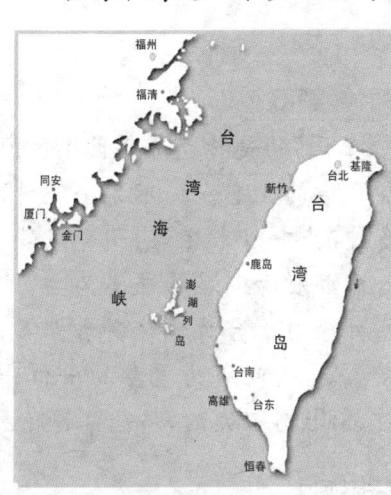

台湾岛

质基础,以后这里又长期被海水淹没,直到距今大约3000万年前,台湾受到喜马拉雅造山运动的影响,又经历过多次的地壳运动,一度又隆起成为陆地。在距今大约1000万~2000万年期间,这里又重新被海水淹没,只有高耸的中央山脉一带露出水面。以后,原始中央山脉两侧长时期内接受了大量的沉积物,形成了坚硬巨厚的沉积岩。直到距今约200万~300万年前,再次受到喜马拉雅剧烈造山运动的巨大影响,原始中央山脉再度受挤压上升,它的两侧也褶皱成山,露出水面,形成了海岛东侧的台东山脉、西侧的玉山山脉和阿里山脉。台湾岛的现代地形,就是在这一次剧烈的造山运动中得以形成的,当时,台湾山脉的平均高度要比现在高出1000米以上。这些山脉的形成在地质历史上较晚,年龄也比较短,受到侵蚀和风化的历史也较短,至今依然是群峰挺秀、山势嵯峨。所以,人们说台湾是"年轻的岛"。

366. 台湾岛为什么被称为"蝴蝶岛"?

我国台湾岛素有"蝴蝶王国"的美称。每年世界各国的生物学家纷纷前来考察蝶类的生态。据不完全统计,台湾岛上的蝴蝶有400多种,其中以木生蝶、阔尾凤蝶、清金小灰蝶、皇蛾阴阳蝶、五翅姬清斑蝶等蝶类为主,这些蝴蝶都是世界稀有的品种。由于台湾蝴蝶种类繁多,外形特异,色彩绚丽,惹人喜爱,因此成为重要的出口产品,全岛每年出口的蝴蝶达4000万只左右,居世界之冠。

367. 龟山岛盛产"珠宝珊瑚"吗?

我国台湾省北部宜兰附近,有个不足1平方千米的小岛,人们称它为龟山岛,因为远远看去,小岛就像只海龟在海中游动。别看岛小,它有着红珊瑚生长的最适宜温度,因此,岛的四周海底盛产珍贵的又高又大的红珊瑚。

红珊瑚因其稀少、质地密而坚硬、滑润晶莹、造型别致、色泽美丽而享誉古今中外。它除有明目、安神、镇惊的药用价值外,还能作为高雅的装饰品。艺高的雕刻家能顺它的天然造型,刻出龙、凤等图案,使其具有中国民族风格。红珊瑚具朴质之美,可与金、银、珍珠、翡翠相媲美,价格极为昂贵,被称为"珠宝珊瑚"。

珠宝珊瑚有粉红色的、红色的、白色的,还有墨绿色的。但红珊瑚和粉红珊瑚价格最高,而且年年上涨。红珊瑚为欧美人所钟爱,而粉红珊瑚因其代表着吉祥如意而被中国人珍视。

368. 钓鱼岛在什么地方?

钓鱼岛位于我国台湾岛东北,距台湾基隆港仅190千米。钓鱼岛及其附近的南小岛、北小岛、黄尾屿、赤尾屿等统称为钓鱼岛列岛。其中以钓鱼岛面积最大,东西长3.5千米,南北宽1.5千米,面积约5平方千米,它位于我国东海大陆架上,北纬25度,距台北市约125海里,与日本的琉球群岛之间隔着一条2000米深的海沟。钓鱼岛为火山岛。岛上有小丘横亘,最高点位于西侧,海拔363米。北侧海岸呈弧形,较为平缓,南侧海岸为高达200余米的陡崖。岛屿沿岸多发育珊瑚礁。钓鱼岛资源丰富,岛上热带、亚热带植物丛生,盛产海蛇、蜈蚣等珍贵药材及海参。这一带海底还蕴藏有丰富的石油资源。自古以来钓鱼岛等岛屿就属我国台湾省宜兰县辖治。

369. 钓鱼岛主权究竟属于谁?

我国所称的钓鱼岛,日本称之为"尖阁列岛"。从地理学的角度来看,钓鱼岛显然是台湾的附属岛屿。另外,据历史记载,钓鱼岛自明朝起已属我国领土。嘉靖三十五年,当时我国政府任命胡宗宪为讨倭总督,负责东南海防,钓鱼岛即在其防区内。1897年日本政府吞并琉球群岛,更名冲绳县,当时中日两国政府都认为琉球群岛共36个岛屿,钓鱼岛不在其内。1962年3月,日本佐藤政府抛出了关于"尖阁列岛"(钓鱼岛)的正式见解,妄图把钓鱼岛说成为"无主领土",还搬出1896年日本天皇的一个"敕令",说什么"日本内阁会议决定这个群岛是日本领土"。此后,日方开始偷偷派人到钓鱼岛活动。

1972年中日建交和1978年缔结《中日友好条约》时,中日双方从大局出发,一致同意把钓鱼岛问题暂时搁置起来等以后解决。我国政府一直信守诺言,从未在钓鱼岛主权问题上采取单方面的行动,但日本方面却不断违

背两国领导人达成的协议,单方面派人派船去钓鱼岛及其附近海域活动,并将该群岛纳入军事控制范围,甚至纵容一些民间组织在钓鱼岛上建立一些设施,对在这一海域活动的我国渔船实施阻拦和驱赶。我国政府发言人曾多次发表谈话,指出日方的行动有损两国间的友好关系,要求日方今后不再发生类似事件。但日方依然如故。1992年2月25日中国在新颁布的《中华人民共和国领海及毗连区法》中,再次重申了钓鱼岛是我国领土一部分的立场。这就是钓鱼岛问题的真相。

370. 兰屿岛上有"雅美人"吗?

台湾东南方海域有一座小岛,叫兰屿岛,它是台湾少数民族雅美人的天堂。雅美人以捕鱼为生,是个能歌善舞的民族。

雅美人至今还保留着一种古老的待客礼节——点鼻礼。当客人来到时,长辈手执熊熊火把,在欢迎的人群中,以亲切友好的姿态,用自己的鼻子轻轻摩擦来客的鼻尖片刻,然后再致欢迎词,以表示对客人的热烈欢迎。

雅美人的年节也很有特色。妇女留着长长的头发,并梳成一个别致的"髻"。每逢春节,她们便将长发垂下,在村寨草坪上踏着鼓乐之声翩翩起舞。她们的头发忽前忽后、一起一落有节奏地甩动着。据说春节跳这种头发舞,为的是祝愿父母长辈延年益寿。

371. 兰屿岛的"飞鱼祭"是什么样的节日?

兰屿岛上的雅美人最隆重的节日,是飞鱼祭。每年5月,台湾春光明媚,丰收的愿望寄托在高山、平原,也寄托在大海上。雅美人身穿绚丽的节日盛装,喜气洋洋地走出家门,走向海边沙滩,参加一年一度的飞鱼祈祷祭盛典。

在海岛的海湾里,一艘艘绘有五彩图案的木船整齐地排列成行,鱼船两端翘起,像是遥望着大海,焦急地等待着出航去捕鱼。飞鱼祈祷祭开始后,船长们代表众人登上木船,走到船首尖端,面向大海,恭敬地做出邀请的姿态,一面挥舞着手中的鸡和猪,一面高呼着:"飞鱼,来!来!来!"乞求大海龙王给他们带来丰收。随后,船长们回到海边篝火前,持刀割断公鸡和猪的喉管,将鲜血注入盘中。人们用手粘上鲜红的血,跑到海边,涂到一块块鹅卵石上和一只只木船上,又拿起一节节竹筒,把血盛起来,准备晚上出海时撒到海里献给海神,以求捕鱼者平安无事。取血后的鸡和猪,当场煮熟祭海。这时德高望重的男性长者站到高地上,向全体人讲话。之后,参加仪式的男子汉们组成浩浩荡荡的队伍围绕村子游行一周,然后便聚集到各自的船长家里会餐,欢庆鱼祭。

天黑之后,一条条火龙从村子里窜出,拐弯后"游"到海边,这是船长们带领自己船上的男子汉们,高举火把出发了。只听一声令下,一艘艘木船如离弦的箭,离开海滩,向大海射去。

372. 你知道大亚湾吗?

提起大亚湾,我们会立即想到我国第一个核电站——大亚湾核电站。大亚湾是南中国海北部的一个海湾。它位于我国广东深圳市东,面积约600平方千米。大亚湾海岸线曲折,长约92千米,主要为基岩岸和砂砾岸,少数为淤泥质海岸和红树林海岸。海湾三面环山,有多条短小的季节性小溪注入。年均气温为22℃,属于南亚热带气候。当初在为核电站选址时,大亚湾以其优良的地质、自然环境成为了首选。大亚湾核电站的成功建成并安全运转,也使大亚湾这个原本并不出名的地方变成了众人注目的地方。

373. 伶仃洋在哪里?

大家可能读过文天祥的《过伶仃洋》那首诗吧,可你知道伶仃洋在哪里吗?

伶仃洋也称"零丁洋",是我国南中国海北部的海湾,位于广东省珠江口外的内伶仃岛与外伶仃岛之间。珠江是指由广州至虎门入海口的一段水道,其上源西江、北江和东江三大水系通常总称为"珠江"。伶仃洋往北,经虎门进狮子洋,再向北即为广州黄埔港。伶仃洋口有万山群岛、大屿岛(大濠岛)等天然屏障,皆为进出黄埔港的必经之地。伶仃洋的北缘有虎门,西北缘有洪奇沥、横门等珠江入海口,东南缘则有深圳湾。伶仃洋湾口东岸为香港,西岸邻澳门、珠海。

374. 海南岛原来是和大陆连在一起的吗?

海南岛位于我国南海北部的大陆架上,北隔琼州海峡与大陆上的雷州半岛相望。全岛面积为34000平方千米,是我国第二大岛。现是我国第二个岛屿省,也是第一个省级特区。根据地质工作者的考察,现今在茫茫海水包围中的海南岛,过去却曾是大陆的一部分,后因地壳沉降,海水侵入,才与大陆相隔成岛。这是怎么回事呢?

地球物理探测表明,大约在50万年前后,海南岛与

海南岛

大陆之间的一块地段的岩层发生断裂,形成了琼州海峡,终于将海南岛与大陆分隔开了。海南岛原来和大陆连在一起,可从现在广西南部的勾漏山一直延伸到海南岛,向五指山紧紧相接中得到印证。再如,海南岛北部有一大片由玄武岩构成的平坦高地,而雷州半岛的南部也有玄武岩,它们是在海南岛和雷州半岛分离以前,由火山活动流出的大量玄武岩流覆盖地面而成,本来是连成一片的。

375. 天涯海角在哪里?

在科学不发达的我国古代,人们还不知道地球的形状,认为世界是有尽头的,尽头就是天涯海角,因此有"天圆地方"的说法。

在我国的海南省三亚市附近的海滩上,有一块巨大的立石,上面镌刻着"天涯"二字。清代《崖州志》曾这样记载:麓有飞石,雍正年间知州程哲刻二字于其上,今通名地为"天涯"。在立石的右侧,又有一块卧石,上面刻有

"海角"二字。在这两块大石左侧的一块大石上,刻有"南天一柱"四个遒劲大字。后两块巨石上的字为清代末叶所镌刻。在我国漫长的封建社会里,人若犯了法,往往被发配、流放到非常边远、荒僻的地方。许多犯人被流放到海南岛。由于路途遥远,这些犯人要历尽艰辛的跋涉之苦,及至到达海南之时,已是九死一生了。那时,把崖州之滨视为"天涯海角"也是无可非议的。

而今的天涯海角已成为新兴的旅游胜地。这里的牙龙湾、大东海、鹿回头公园、热带海洋珍珠观赏亭、南山港摩崖石刻和落笔仙洞等旅游景点,风光秀丽,四季如春,不仅有潺潺的溪流、蔚蓝的大海、金色的沙滩,更有那奇石怪岩和黎寨风情……海内外游客也不远万里慕名而来,为的是一睹这里神奇的自然风光。

376. 为什么说海南岛是全国热量资源最丰富的地区?

整个海南岛东西宽 200 千米,南北长 220 千米。全岛的海岸线连成一个环带,长度大约有 1500 千米呢。海南岛的地理位置在北回归线的南边,加上四面环海,具有典型的热带季风气候。这里全年的气温平均高达 23℃~25℃,以平均气温来说,是全国最高的了。因为在这里每年的芒种和小暑时节,天上的太阳先后两次在中午 12 点钟直射头顶,相比之下,在北回归线上,太阳在夏至时只直射头顶一次,而在北回归线之北的地方,太阳永远不会直射头顶。所以说,海南岛是全国热量资源最丰富的地区。

377. 五指山在什么地方?

海南岛一半以上的地方是山地,因一首《我爱五指山,我爱万泉河》而闻名的五指山,就是全岛的主峰,海拔1807米。历史上强烈的造山运动和河流、台风、雷雨的长期侵蚀、分割,使得山峰起伏剧烈。鹦哥岭、吊罗山、鹅髻岭、猕猴岭和雅加大岭这五大山峰分立并峙,高耸入云,犹如一只巨掌张开五指伸向蓝天,所以整个大山就叫五指山。五指山横空出世,丘陵、台地和平原围绕在它身边,环环相套。到了岛南,山地直通海岸,气势雄伟。五指山和粤东的莲花山都是一脉相承,由1亿年前爆发的巨大火山形成。

378. 海南岛为什么也称"椰岛"?

海南岛上椰树林无边无际,那一株株高大的椰子树,挺立着光洁笔直的树干,亭亭玉立直耸云天,不愧是我国的"椰岛"。不光椰林给海岛增光彩,海岸带上红树林郁郁葱葱,山地中高大的橡胶树、咖啡林、香蕉林以及甘蔗林都是它的风景线,还有那香甜诱人的菠萝、荔枝、芒果、龙眼等许多热带和亚热带水果,以及那四季盛开的鲜花都在装

海南岛上的椰子树

扮着宝岛,椰林海岸已经成了海南岛的象征。

379. 海南岛为什么会成为游客的好去处?

海南岛风景秀丽的海岸是人们夏季避暑的好去处,而且这里冬天平均气温16℃～18℃,特别是在三亚的南部海岸,整个冬季的平均气温高达20.5℃～21.6℃,是个名副其实的"大温室"。这里阳光也十分充足,三亚市冬季的日照时间平均每天6.3小时,比同是南方城市的广州,每天要多照2个小时的太阳呢。所以说,它不愧是我国乃至东亚地区冬季避寒的最理想的地方。隆冬时节,这里的海水温度仍在24℃左右,海水的透明度达一二十米,水清浪白,加上姿态万千、色彩斑斓的珊瑚在水下忽隐忽现,五彩缤纷的鱼、虾、蟹、贝蕴藏其间,更使在此畅游、潜海的游客们陶醉了。

380. 大洲岛为什么被称为"燕窝岛"?

大洲岛地处海南省万宁县东南部浩瀚的南海海面上,方圆约2平方千米,海拔289米,是海南岛沿海岛屿中面积最大、海拔最高的海岛。当海水低潮位时,该岛便分成南、北两岛。两岛之间由沙滩连接起来,全岛与陆地相距不足4千米。岛上峭壁如削,怪石如坠,岩洞众多,幽深万丈。远远望去,犹如一个小巧玲珑的海上盆景。唐宋以来,大洲岛就成为海上航行的天然标志。由于大洲岛独特的地理位置和岩石结构,为金丝燕群栖营巢提供了有利条件。岛上金丝燕成群,盛产燕窝,因此,人们又称该岛为"燕窝岛"。

381. 为什么要在大洲岛设立金丝燕自然保护区?

燕窝是一种叫金丝燕的鸟营造的窝巢,它含有多种氨基酸和蛋白质,营养丰富,药用价值极高。因此,自古以来大洲岛上的燕窝就被人们誉为"东方珍品"、"稀世名药",从明末清初起就作为"贡品"进贡给皇帝享用。

终年定居在大洲岛峭壁缝隙中的金丝燕,主要集中在岛上南罗洞一带。该洞高约200米,入口处上宽下窄,石径弯曲,斗折蛇行。金丝燕就在这阴暗狭窄、缝隙众多的洞穴中成群造巢,所产燕窝为上等的食用燕窝。燕窝之所以珍贵的原因之一是它采摘极难。南罗洞的金丝燕一般筑巢在20米~30米高的崖壁上,采窝者常会发生坠崖事故,摔得粉身碎骨。

燕窝高昂的经济价值,致使岛上金丝燕难逃无巢繁殖后代,濒临绝种的厄运。据估算,目前在大洲岛上每年仅能采摘到0.5千克左右的燕窝。保护金丝燕,保持大洲岛的生态平衡已成为当务之急。为此,海南省人民政府已经把大洲岛列为金丝燕自然保护区。

382. 南湾岛为什么称为"海中猴国"?

从海南陵水县新村港出发,只要渡过一条五六百米宽的海峡,就到了一个长满灌木林的小岛,这就是我国万里海疆上独一无二的猴国——南湾岛自然保护区。

南湾岛的面积只有867公顷。过去由于滥捕滥杀,山林被毁,猴子已经到了濒临灭绝的境地。建立自然保护区之后,封山育林,严禁捕猎,现在猴子已恢复到20群、500多只,这里确实称得上是猴子的自由王国。

383. 南海中的"神秘岛"是怎样形成的?

同世界很多地方一样,我国的南海也曾有过"神秘岛"。1933年4月,法国"拉纳桑"号考察船来到我国的南海,在南沙群岛海域进行水文测量。在该船的航海日志中记载着他们在南海发现"神秘岛"的怪事:"拉纳桑"号全体船员亲眼见到在第一回驶过的航道上,突然矗立起了一座无名小岛,岛上林木葱茏,水面倒影婆娑。可半个月后当他们再来此处调查时,此岛却踪影全无。对于这个时有时无、出没无常的小岛,大家都莫名其妙,不解真情,只好在航海日志上注明这是一次"集体幻觉"。

海洋学家说,在涨潮的时候,汹涌的海水经常夺去一片片土地,其中一些就形成了真正的小岛,在这些由黏土和泥沙构成的小岛上,生长着大树和小灌木。小岛被大风或海流卷入大海后,碰上海底突出的岩石,小岛就固定下来,但过后不久就又被海水吞没了,此其"神秘"之一。此外,南海中还有许多沙岛,沙岛一般高出海面约3米～5米,面积最大不会超过2平方千米,上面长有树木,形成植被。这些沙洲由于水压的驱赶,会上升露出水面,但有时仅仅几天过后就崩溃消失,此其"神秘"之二。当然,"神秘岛"也有可能是由于浮现在海上的云层所造成的"陆地"假象,1492年哥伦布船队在马尾藻海就曾遭到如此"陆地"的捉弄。

不过,可以这样认为,"拉纳桑"号在南海的奇遇并不是什么集体幻觉,而是实有其事的自然现象,只不过这种现象被人为地加上了一层神秘面纱罢了。

384. 南海诸岛有几个群岛？

在我们伟大祖国广袤的海面上，散布着无数大大小小的岛屿和暗礁，它们像一颗颗璀璨的明珠，镶嵌于万顷碧波之中，在我国南海这片被古人称为"千里长沙，万里石塘"的浩瀚海洋里，就散布着珊瑚岛屿、沙洲、暗礁、暗沙和暗滩多达200多个。其范围北起北纬20度7分，南到曾母暗沙；西起东经109度5分，东到东经118度附近，按照位置不同，大致分为东沙、西沙、中沙和南沙4个群岛，统称为南海诸岛。

385. 你知道南海诸岛范围线的来历吗？

我国南海诸岛范围线的画法，最早可以追溯到20世纪初。1935年4月，当时的中国政府正式出版了《中国海南各岛屿图》。这是中国政府第一次比较全面、详细地公布我国南海诸岛屿的地理位置。与过去出版的地图不同的是，在4个群岛的外围画有一条长弧圈的范围线，并标绘出最南端是曾母滩，地理坐标是北纬4度、东经112度。这张地图不仅向世界各国表明范围线以内的岛屿属中国版图，还显示了我国在此范围内享有历史性海军权益，也为以后地图出版提供了正式依据。

抗日战争胜利后，中国于1946年11月派内政部、海军部和广东省政府的官员，乘舰前往南中国海，接收南海诸岛，在西沙的永兴岛、南沙的太平岛重建主权碑，重新勘测，绘制详图。1947年，内政部刊印《南海诸岛位置略图》，核定公布了159个岛礁的地理位置。1948年2月，内政部发行《中华民国行政区域图》，继续保留了南海的这条断续范围线。新中国政府成立后,我国政府一再重申对南海诸岛的领土主权和在此范围线内的历史性海洋权益。我国地图出版部门根据政府的这一立场,在出版发行的中国地图中,继续沿袭使用了过去关于南海诸岛外断续范围线的画法。而许多国家也把我国的南海诸岛以及这条范围线标绘在本国出版的地图上。

386. 南沙群岛有多大?

我国神圣领土南沙群岛是南海诸岛中位置最南、岛礁最多、分布最广的群岛。它南北长达500海里,东西宽达400海里,共有230多个岛屿、沙洲和礁滩。其中露出水面的岛、洲、礁有36个。面积最大的太平岛约0.443平方千米,面积大于0.1平方千米的岛、洲有中业岛、西月岛、南威岛、北子岛、南子岛和敦谦沙洲。此外,鸿庥岛、南钥岛、马欢岛也较大,海拔最高的鸿庥岛高6.2米。

南沙群岛

387. 我国最南端的国土在哪里?

我们神圣的祖国,国土相当辽阔,南沙群岛就在我国的最南端。但是,你知道我们最南端的国土的确切位置吗?

告诉你吧,在南沙群岛中,曾母暗沙、八仙暗沙、立地暗沙和亚西暗沙是南海诸岛最南端的一组岛礁。曾母暗沙是距海面约 21 米的暗沙,距赤道约 370 千米,距我国大陆约 1800 千米,是我国领土的最南端。它的地理坐标是北纬 4 度、东经 112 度。

388. 南沙有哪"四宝"?

南沙群岛靠近赤道,四季皆夏,年平均气温 26.1℃,雨量充沛,年均降雨量 1841 毫米,且受季风影响,属热带海洋性季风气候。岛屿附近海域,水温和盐度都比较高,既无泥质海岸,又无河流注入,水质澄清洁净,水文条件稳定,是典型的热带海洋环境,物产十分丰富。海鱼、海参、海贝和石油被称为"南沙四宝"。南沙海域是我国主要的热带渔场,以珊瑚鱼类和大洋性鱼类为多,初步调查有 800 多种,其中有经济价值的 40 多种。在全世界 40 多种可食海参中,南沙就出产 20 多种。南沙贝类也有 40 多种。此外,据近年勘察,包括南沙在内的南海海底的大陆架和大陆坡中,蕴藏有 21 万立方千米的油层,相当于中东各国的石油储量。因此,南海诸岛地区是个大有希望的石油产地,有人称之为"第二个波斯湾"。

389. 为什么要在南沙建立永久性气象站?

南沙有数百个岛礁、暗礁、沙滩,水下暗流多,水文情况复杂,世界各国的航海家称之为"危险地带"。这里气候变化无常,全年雷电、台风集中,变化规律难以掌握。1988 年之前,南沙群岛海域没有一座现代化永久性的海洋气象观测站,太平岛的一个小型气象台不能担负整个南沙的海域气象测报任务,因此南沙海域是个世界海洋

海洋地理

气象预报的空白区。1988年春天,中国政府根据联合国教科文组织的要求,在南沙建立了一座永久性海洋气象站。

390. 西沙群岛有多少个岛屿?

"东七西八十五岛"是南海渔民对西沙群岛的称呼,位于海南岛东南约370千米。西沙群岛长约250千米,宽约150千米,由40多座岛、洲、礁、沙、滩组成,主要岛群东面叫宣德群岛,由7个岛组成,故称"东七岛"。西面的叫永乐群岛,由8个较大的岛组成,所以叫"西八岛"。

宣德群岛的永兴岛,地处西沙群岛中心,东西长1950米,南北宽1350米,面积约2.1平方千米。该岛地势平坦,平均海拔约5米,岛西南有一大沙堤,最高处8.3米。岛上野生植物有148种,占西沙群岛野生植物总数的89%。岛上林木密布,四季皆夏,年均气温26.4℃,雨量充沛。20世纪50年代以来,还相继建起了楼房、船舶码头、机场等。这里还有南海第一座海洋博物馆呢。

391. 东岛为什么又叫和五岛?

美丽的西沙,有个神奇的鸟岛,名叫东岛,又称和五岛。它是为纪念16世纪一位反抗殖民者的起义领袖潘和五而得名的。东岛屹立在一个巨大的珊瑚礁盘上,呈新月形。岛上有灯塔,驻守着海军。粗壮的麻枫桐上,高高的伞形椰子树上,还有海边绿油油的羊角树丛,都披着一层棉絮似的"厚雪"。那就是鸟群,是东岛的特产——鲣鸟群!

392. 为什么说西沙和南沙自古就是中国的领土？

根据历史记载，西沙群岛和南沙群岛自古就是中国的领土。1993年我国考古专家在宣德群岛发现了一批我国秦汉以来的历史文物，其中有划纹、水波纹硬陶，秦汉时的压纹硬陶，唐代的釉陶陶片，宋代的龙泉青瓷残片，明、清的陶瓷残片及汉代王铢及唐代"开元通宝"等钱币。这说明，自秦汉以来，中国人民就发现并开始经营西沙群岛和南沙群岛。唐宋以来，中国水师就在此活动。宋元时期，中国已将这些岛屿命名为千里长沙和万里石塘，并绘制了南海诸岛的海图。明清时，中国政府已明确将西沙群岛和南沙群岛划归广东省琼州府管辖。1991年5月11日，中国海军在永兴岛隆重举行了南海诸岛工程纪念碑揭幕仪式。这块石碑高8米，宽4米，碑背面刻有南海诸岛地形图，正面铭文记叙了南海诸岛历史及我军民重建南海诸岛的经过。"南海诸岛沧桑千年，炎黄后代创业今朝"，这座历史的丰碑，将永远立于南海诸岛。

393. 东沙"海人草"是什么样的"草"？

东沙群岛不但鱼虾、贝类和海龟很多，而且海中礁石上还盛产一种具有重要经济价值的海草，叫"海人草"，还有个名字叫美台藻，中国人又叫它鹧鸪菜。

鹧鸪菜是一种红藻，生长在海中岩石上，在春夏之间成熟。这种藻不仅可以食用，而且还是一种良好的驱蛔虫药物。我们的祖先在古时候就知道鹧鸪菜有驱蛔的神奇功效了。早在1530年，民间药书中就有这样的记载："鹧鸪菜生海石中，散碎，色微黑，小儿食之能下腹中虫。"

"欲下小儿腹中虫积,食之即如神。"

新中国成立后,我国有关部门为了开发药物资源,对鹧鸪菜进行了系统研究,从中提取出有效成分美台藻甲素,肯定了它的驱蛔疗效。用它制成的驱蛔药片和糖浆排蛔时间快,效果好,对治胆道蛔虫也有一定功效。鹧鸪菜驱蛔的最大优点是没有副作用,在服药期间也不必忌口,即使长期服用也不易产生抗药性。它实不愧为一种安全有效的驱蛔良药。在目前我国驱蛔药物原料还不充足的情况下,大量养殖鹧鸪菜,充分利用这一藻类资源,是值得重视的。而东沙群岛海底到处生长着这种海草,东沙岛成了驱蛔良药的海中药库。

394. 东沙岛为什么被称为"月牙岛"?

东沙群岛是由南卫滩、北卫滩、东沙岛等岛屿组成,距我国大陆约300余千米。其中只有东沙岛是露出水面的陆岛,其余皆为海水中的珊瑚暗礁。东沙岛面积1.8平方千米,东西长2800米,南北宽700米,平均高出海平面6米。岛屿呈马蹄形,西部为半开放式的礁湖,成为天然避风港。岛屿形如新月,当地渔民称它为"月牙岛"。东沙岛海产资源十分丰富,浅沙滩中盛产钟螺、海龟、鲍鱼、龙虾、墨鱼、海参、海胆等,海边的海人草是著名的日本"万灵药"、广东"午时茶"和"鹧鸪菜"的主要原料,年产量200万~250万吨,其品质与数量均为世界之冠。

395. 南海诸岛在长高吗?

有趣的是,南海上的岛屿和暗礁,在不断地长高。说起来令人难以置信,它平均每年要长高1厘米左右!只是因为风力、流水、波浪等在运动状态下进行逐渐蚀低的作用,使它们的长高看不大出来罢了。

是什么东西有如此神奇的力量呢?也许你不会相信,这种奇迹的创造者竟是一些不起眼的小珊瑚虫!我国的南海是珊瑚虫生长的最好环境。珊瑚虫总是成群地生活在一起,千千万万个珊瑚虫聚居在从水底高高突起的岩石上。一代又一代的珊瑚虫就这样聚居在一起,并大量繁殖,死后所遗留下来的残骸,与沙砾、贝壳等混合,堆积成礁状,新的珊瑚又在上面生长。珊瑚虫就在那里一代又一代永不停息地建造着生活的营盘,珊瑚岛也就在那里成群地从大海汹涌波涛中不断显露出来,并在不断地长高着。

396. 万山群岛在哪里?

万山群岛是珠江口及其附近约150个大小岛屿的总称。其中香港岛78.4平方千米,三灶岛78平方千米。其他岛一般为10多平方千米,有的不足1平方千米。这些岛屿面积虽不大,却是中国南方沿海的海防要地,被称为"珠江口天然屏障",而且在经济上和科学上都有特殊意义。该群岛距大陆不远,最近处仅有29千米,与大陆间水深一般都在30米以内,属于海岸带范围内,为低山丘陵海岸的基岩岛,与大陆有错综复杂的关系。该群岛地处亚热带向热带过渡地带,岛屿上有丰富的动植物资源。珠江口海底沉积盆地面积达15万平方千米,是中国近海最有希望的富集油田之一。万山群岛将成为近海油田的后勤基地和中转站。

397. 香港境内有多少岛屿?

1997年的7月1日,在全世界人们的瞩目下,美丽的香港终于回到了祖国的怀抱。香港,位于珠江口的东侧,整个港岛地区由香港、九龙、新界和许多大大小小的离岛组成,总面积有1104平方千米。那些大大小小的岛屿竟有260个之多呢,它们宛若繁星一般散落在湛蓝色的南海之滨。香港境内不仅岛屿、海湾众多,而且还有许多美丽的沙滩、海水侵蚀的洞穴和千姿百态的奇岩怪石。

398. 为什么将香港称为"东方明珠"?

由于香港的海岸和海岛是由各种各样的岩石构成的,经过千万年的风吹日晒,雨淋浪刷,自然造就了形态各异的奇岩怪石,并形成了许许多多奇形怪状的洞穴。鹤岩洞、通心洞、水帘洞、飞鼠岩、大石门等都是远近闻名的游览处。游客们坐上小船,穿游各洞,别具风韵。平洲的页岩中有清晰美丽的纹理,一层层的深浅相间,被人们形象地叫作"千层糕"。在北果洲有一块"大炮石"如同一颗大炮弹从半山间突出来,仿佛呼啸欲出一般。在南岸的石头丛林中,有嶙峋的怪石一头扎入海中,构成了一幅奇丽的景色,人称"龙项筋"。在那不远的地方,又有两块四方形的巨石重叠在一起,好像汉字的"吕"字,所以叫"吕字叠石"。其他还有根据形状命名的"佛手岩"、"花瓶石"、"灵龟上山石"等,惟妙惟肖,举不胜举。

美丽的香港,海水清澈湛蓝,沙滩清白柔软,风光绮丽无限,真是一个观光、海浴、度假的好地方。其优越的地理位置,良好的港湾条件,使香港成为和美国的旧金山、巴西的里约热内卢齐名的世界三大天然良港之一。美丽的香港,是祖国南海边一颗璀璨的"东方明珠"。

399. 海边的居民为何多长寿?

目前世界上平均寿命最长的国家是瑞典、冰岛、荷兰、挪威和日本。这些国家都是岛国和半岛国,浩瀚的海洋如同一位高明的保健师,保护着这里人们的身心健康。你知道这是为什么吗?

一般地说,滨海区面向海洋,海洋空气比内陆空气受到的污染程度要轻,空气中含有的有毒物质比内陆要少,而含有人体必需的微量元素如碘、氯等阴离子又比内陆空气中的含量要多,这种微量元素不仅能补充人体的生理需要,而且能杀菌,减少了人体患病的机会。滨海区气候一般比内陆温和湿润,温差变化不显著,暴热奇冷,有利于人体的新陈代谢和细胞的保护。滨海区有丰富的海产和繁多的食物种类,有利于调节人体的营养平衡,很少发生像内陆那种流行的"大脖子病"、龋齿等疾病。此外,滨海居民既食陆产品,又食海产品,水中有毒元素的浓度很低,生命必需元素容易得到,既有利于满足人体对必需元素的需要又能降低非必需元素在人体内累积的速度,减少了癌症等疾病的诱发机会;滨海居民的癌症发病率明显要低于内陆地区居民。所以,综合各个方面来看,在滨海地区生活的人长寿的就比较多了。

编后记

世界的未来是青少年的,而世界未来的希望在海洋。21世纪的今天,世界已经进入全面开发和利用海洋的新时代。

在我国青少年中全面、系统地开展海洋知识的普及教育,以适应国际形势变化的需要和未来人类社会发展的需要,是我们当代海洋科技教育工作者的责任和义务。有感于此,我们来自国家机关、高等院校、科研院所、军事机构等40多位海洋科技工作者,花费了三年多时间,精心策划并编撰完成了我国有史以来第一部海洋知识体系最完备、内容最全面的科普图书。

《海洋小百科全书》共20分册,300余万字,110个知识大类,总7000余个知识问答,几乎涵盖了海洋自然科学、海洋人文科学、海洋军事科学的全部基本内容。本书第一版由中国少年儿童出版社于2002年5月出版,2003年9月荣获由中共中央宣传部等国家7个部门联合颁布的"第五届全国优秀科普作品奖科普图书类三等奖"。本书于2007年10月修订再版,现再次修订,由中山大学出版社出版。本次修订在保持原有知识体系和编写风格基本不变的情况下,除进行必要的知识内容更新外,又新增加了《海洋经济》分册,使《海洋小百科全书》的知识体系进一步完备,知识内容更加丰富。

本书自2002年5月出版至今,一直得到社会的普遍关注和广大读者的厚爱,在此,一并向曾经对本书编撰、出版、发行、修订等作出过贡献的人们表示衷心的谢意。

由于本书涵盖的知识内容宽泛,编写任务十分繁重,难免有知识遗漏和编写不当之处,欢迎广大读者提出宝贵的意见和建议。

《海洋小百科全书》主编:关庆利
2010年9月24日

《海洋小百科全书》分类目录

(20 分册·110 类)

1 海洋地理
海洋地理大观
世界海岛揽胜
海洋地理趣闻
奇妙海底世界
海洋地质灾害
神奇中国岛岸

2 海洋水文
多姿多彩的海洋
海水的自然神韵
海洋与人类互动
探测海洋的波脉

3 海洋气象
走近海洋风暴
探寻海洋天气
感受海洋冷暖
变换海洋风雨
领悟沧海桑田
俯观海气轮回

4 海洋探险
古代海洋探险
近代海洋探险
现代极地探险
环球海洋风采

5 海洋航运
船舶千秋史话
航海妙趣万千
惊涛铸造奇闻
中国航运今昔
船运业务趣谈

6 极地科考
挑战人类的环境
不可争夺的领土
南极人的生活
南极生物奇趣
揭开奥秘的考察
北极世界的探索

7 海洋生物
无限生机的海洋
迷人的海洋奇葩
璀璨的贝类明星
威武的虾兵蟹将

微小的海洋居民
　　多彩的海洋植物
8　海洋动物
　　奇妙的动物家族
　　高超的生存技巧
　　神秘的自然之谜
　　复杂的生存关系
　　多彩的情爱生活
　　狰狞的危险动物
　　友善的人类朋友
9　海洋渔业
　　千姿百态捕鱼技术
　　海洋渔业发展史话
　　名贵海产品趣味谈
　　海产品美食与营养
　　海产品保健与药用
10　海洋化学
　　海水的趣味故事
　　海水的化学秘密
　　海水的化学资源
　　无尽的海底宝藏
　　流泪的海洋环境
11　海洋物理
　　妙趣横生海洋物理
　　威力无比海洋声学
　　奇光异彩海洋光学
　　探索海洋高新技术
　　四通八达海底电缆
　　准确无误导航技术
12　海洋工程
　　人类水下生活
　　探索海底世界
　　雄伟近岸工程
　　海上铸造希望
　　港口飞架彩虹
　　旅游方兴未艾
　　无尽海洋能源
13　海洋科教
　　著名的海洋科学家
　　世界海洋科技之最
　　重大海洋科学考察
　　世界海洋科研教育
14　海洋权益
　　蓝色的海洋国土
　　繁杂的海域划分
　　激烈的海洋争斗
　　独特的海运规则
　　严格的船舶管理
　　复杂的海事纠纷
　　神圣的海洋权益

15 海洋经济
　　海商奠基帝国兴起
　　追寻民族海商踪迹
　　当代海洋经济概览
　　日新月异朝阳产业
　　夯实蓝色经济基石

16 海洋文学
　　中国古代海洋文学
　　中国现代海洋文学
　　外国古代海洋文学
　　外国现代海洋文学
　　中外海洋影视文学

17 海洋文化
　　海洋神化故事
　　海洋语言文字
　　海洋绘画名作
　　海洋雕塑艺术
　　海洋音乐经典
　　海洋民俗风情
　　海洋著作学说

18 海军兵器
　　凶悍的汪洋猛鲨
　　奇妙的掠波剑鱼
　　神秘的龙宫巨鲸
　　无敌的长空雄鹰
　　未来的海战新秀
　　难忘的千年风流

19 古今海战
　　古代海战追踪
　　近代海战掠影
　　"一战"群雄争霸
　　"二战"邪灭正兴
　　现代海战大观

20 海洋军事
　　海军兵力纵横
　　海军礼仪风采
　　海军名人传奇
　　海军趣闻轶事